THE M16 : Osprey Weapon Series

M16ライフル

米軍制式小銃のすべて

ゴードン・ロットマン 著
床井雅美 監訳
加藤喬 訳

並木書房

はじめに

1958年、斬新なデザインの軽量小型ライフルが登場した。アーマライト社が製作した.223（5.56mm）口径のAR-15ライフルである。このライフルは、これまで限定生産の試作ライフル以外で使用されることのなかった軽量のアルミニウム合金とプラスチックを広範に使用した画期的な製品だった。

メカニズム的には従来からのライフルの構造を受け継いでいるものの、全体のデザインはまったく新しいものだった。このAR-15ライフルは、XM16E1ライフルやXM16ライフルの仮制式名をつけられて陸軍特殊部隊、空挺部隊、ヘリボーン部隊、核兵器を警護する空軍警備部隊に採用された。

1965年、従来の7.62mm口径の弾薬を使用するM14ライフルより軽量で使いやすい点が評価され、小改良が加えられたうえで、ベトナムに駐留するアメリカ陸軍とアメリカ海兵隊に対して支給が始まった。1970年代に入ると残りの陸軍部隊と海兵隊で配備が

5.56mm M16A1ライフル。小型軽量でジャングル戦に適している点が評価され、米陸軍は1966年に制式採用（米空軍は1962年に採用）。M16A1を原型にM16A2、M4アサルト・カービンなど多くの派生型が生まれた。

進み、世界中で使われることとなった。

M16ライフル・シリーズにはカービンモデルとさらに全長の短いサブマシンガンモデルをふくむ多くの派生型も登場した。M16ライフル・シリーズはアメリカ軍の制式となったほか、70カ国以上の国々で制式ライフルや制式ライフルの補助ライフルとして使用された。M16ライフル・シリーズはこれまでに800万挺以上が製造され、現在も生産が継続されている。

M16ライフルで使用する5.56×45mm弾薬も革新的な弾薬で、欠点が指摘されるものの、1980年になるとNATOの制式弾薬にも選定され、最も多く使用される現用軍用弾薬になっている。

アメリカ軍兵士に「ブラック・ライフル」のニックネームで呼ばれるM16ライフル・シリーズほど評価の分かれるライフルも珍しい。軽量小型で射撃しやすさが評価される一方、同時に設計上の欠陥、強度不足、メンテナンスの難しさ、過酷な環境下における信頼性の低さなど多くの欠点も指摘されている。

M16ライフル・シリーズが軍用ライフルとして完璧とは言いがたいことは確かだ。そのためアメリカ軍は長年、このライフルに代わる次世代ライフルを探す努力を続けている。だが現在までのところ、M16ライフル・シリーズを世代交代させる巨額な費用を正当化できるほどの性能を持ったライフルは出現していない。

M16ライフル・シリーズは今後もしばらく生産と供給が続けられるだろう。近い将来、次世代新型ライフルが選定されても、広範に使用されているM16ライフル・シリーズは少なくともあと20年使用され続けると思われる。

本書を執筆している時点でM16ライフル・シリーズは、アメリカ軍制式ライフルの中で最長の半世紀以上の歴史を持つに至った。

米海軍特殊戦部隊シールズの訓練（1994年）。緑の煙幕の中から現れた隊員が手にしているのは、特殊作戦部隊が使用する全自動射撃が可能なM4A1カービン。一方、M４カービンは全自動射撃に代わり３発分射（バースト）機構が組み込まれている。（写真：Corbis）

目　次

はじめに　1

第1章　ブラック・ライフル誕生　6

短命に終ったM14ライフル／新たな軽量小銃を求めていた米空軍／AR-15ライフルvsウィンチェスター／M14ライフルを上回るAR-15の性能／コルト社にAR-15ライフルの特許権を売却／全米ライフル協会の批判記事／陸軍もAR-15ライフルを暫定調達／問題を抱えながらも部隊配備開始／XM16E1ライフルの特徴／XM16E1ライフルの配備開始／実戦で明らかになった欠陥／故障の原因は発射薬／マガジンの不具合／XM148榴弾発射器／M16A1ライフル／M16A1ライフルの改善点／XM177シリーズ・サブマシンガン／40mm榴弾発射器

第2章　ベトナム戦後のM16　76

ベトナム戦後、M16の生産激減／歩兵戦闘車用M231ライフル／「M16A1ライフル改良プログラム」／M16A1ライフルからM16A2ライフルへ／M16A3ライフル／M16A4ライフル／M4カービンとM4A1カービン／兵士に支持されたM4カービン／Mk12特殊用途ライフル

第3章　M16の弾薬と付属品　112

スリング、バイポッド、クリーニング・キット／M7銃剣とM9多目的銃剣／サイレンサー、榴弾、ショットガン／空砲アダプター／5.56×45mm弾薬の開発／5.56mm軽量高速弾の特徴／M

855普通弾とM856曳光弾／Ｍｋ318高性能普通弾と6.8mm特殊用途弾

第４章　戦場のM16　134

Ｍ16ライフルの射撃手順／ジャミング（故障・作動不良）の回復／全自動射撃より有効な半自動射撃／キャリング・ハンドルの長所と短所／20発入りマガジンには弾薬19発を詰める／戦場でのＭ16ライフルの故障／手入れ不足からくる故障／Ｍ16ライフルの独特な銃声／Ｍ16に対する相反する評価／Ｍ４カービンの問題点／5.56mm弾薬に関する俗説／Ｍ16ライフルのライフリング転度／Ｍ16ライフルによる銃創の極端な例／携行弾薬量／個人装備携行ギア（装具）／法執行機関でもＭ16ライフルを採用

第５章　M16の後継機種　174

ＡＫ-47と人気を二分するＭ16ライフル／決まらないＭ16の後継機種

用語解説　184
参考文献　186
監訳者のことば　187
訳者あとがき　189

第1章
ブラック・ライフル誕生

短命に終ったM14ライフル

1950年代後半から1960年代初頭にかけて、米軍制式小銃は世代交代時期を迎えていた。第２次世界大戦と朝鮮戦争を通じて米陸軍と海兵隊が使用した.30口径M１ライフル（M１ガーランド・ライフル）はまだ現役にあった。M１ライフルは60年代になっても後方支援部隊の主武装であり、州兵部隊と予備役部隊は70年代まで使用した。

1957年、7.62mm口径のM14ライフルが制式となり、生産と部隊配備が1959年に始められた。M14ライフルは威力の大きいライフルだが、M１ライフルに比べると構造上の大きな進歩は見られない。M14ライフルは、M１ライフルより５センチほど長く、0.4キログラム軽い。M１ライフルの弾薬８発を束ねる挿弾子（クリップ）に代わって着脱式の20連マガジンを使用する。

M14ライフルにはM１ライフルと異なった構造のガスピストン

1970年代、M16ライフルが7.62mm口径のM14ライフルに取って代わった。写真はM14A1オートマチック・ライフル。直銃床、ピストル・グリップ、前床部のグリップ、M２バイポット、そしてマズル・コンペンセイター（訳注：反動を軽減させる装置）を装備している。全自動射撃時の安定を図ったものであるが、同銃は命中精度が悪いうえ、肉厚の薄い銃身は過熱しやすく、20連箱型マガジンでは十分な持続射撃はできなかった。

方式が採用された。M14ライフルは本来、全自動射撃と半自動射撃を切り替えるセレクターが組み込まれている。しかし、一般兵士に支給されたM14ライフルはセレクターがロックされており、全自動射撃はできなかった。

開発当初、M14ライフルはＭ１ライフル、Ｍ２カービン、分隊支援火器M1918Aブローニング・オートマチック・ライフル（BAR）、M3A1サブマシンガン（グリースガン）を統合した武器として開発された。M14ライフルの分隊支援火器バージョンであるM15ライフルも開発された。M15ライフルは肉厚の銃身と二脚、肩当てプレートを備え、全自動射撃と半自動射撃が可能だった。

このM15ライフルは制式となったものの、予算削減で生産されず、代わりにM14ライフルのスタンダードタイプにＭ２バイポッド（二脚）を付け、セレクター・ロックを取り除いたものが分隊支援火器として供給された。しかし、このライフルは分隊支援火器としては性能不足だった。のちに改良が加えられたM14A1オートマチック・ライフルも同様に性能的に不十分だった。全長の長いM14ライフルがＭ３サブマシンガンに取って代わることもなかった。

新たな軽量小銃を求めていた米空軍

第２次世界大戦末期、射程の短いサブマシンガン（トンプソンとグリースガン）の後継兵器として、全自動射撃と半自動射撃の切り替えができるＭ２カービンが採用された。Ｍ３グリースガンは1990年代になっても戦車兵の自衛用火器として使われ続け、最終的にM16A2ライフル発展型のＭ４カービンと交代した。

Ｍ１ライフルやＭ２カービン、M1918A1（BAR）も同様で、1970年代になっても州兵部隊や予備役部隊で使用され続けた。Ｍ２カービンはその軽便さから陸軍特殊部隊や戦略空軍警備部隊で使われた。

旧式のＭ２カービンは、制式ライフルに比べて射程が短く、威力が小さかったものの、空軍警備部隊にとって逆にメリットとなった。Ｍ２カービンで使用される.30カービン弾薬の威力はＭ１ライフルやM1918（BAR）、ブローニング機関銃で使用される.30-06弾薬とは比較にならないほど低く、拳銃弾薬と大差のないものだった。空軍基地で射撃し駐機された航空機に命中しても被害を最小限にできた。

M14ライフルの供給が進められていた時期、陸軍特殊部隊と、M14ライフルを選定しなかった空軍は、Ｍ２カービンに代わる軽量小型のカービンを探していた。彼らは、新興銃器メーカーのアーマライト社が開発したAR-15ライフルに注目した。その理由は、.30（7.62mm）口径が軍用弾薬として主流だった当時、このライフルは特異な.223（5.56mm）の小口径弾薬を使用していたからだ。

M16ライフルの制定、調達の過程は、三軍の対立とライバル意識、政治的な思惑や駆け引きなど、救いようのない愚かさにまみれたものだった。

本書では主にアメリカ軍が制式としたM16、XM16E1、XM177E1、XM177E2、M16A1、M16A2、M16A3、M16A4、Ｍ４、M4A1、Mk12を取り上げる。民間向けモデル、警察向けモデル、海外で生産されたモデルや試作モデル、市販されている周辺アクセサリーなどは割愛した。

5.56mmＡＲ-15ライフルは1963年にベトナム共和国陸軍兵士と米軍事アドバイザーに支給された。トリガー・ガード前端上部のマガジン取り出しボタンを囲む「フェンス」とボルト・フォワード・アシスト（訳注:ボルトを強制的に押し込んで閉鎖させる機構）がないことに注目。20連マガジンはチェックパターンで、消炎器は先が尖ったプロングタイプである。（Darkhelmet322）

ＡR-15ライフルvsウィンチェスター

アーマライト社は、航空機メーカーのフェアチャイルド社の銃器開発部門として1954年に創設された。ジョージ・サリバンが社長、チャールズ・ドーチェスターが工場長、ユージン・ストーナーが主任エンジニアを務めた。

1956年、ストーナーはAR-10ライフルとAR-15ライフルに組み込むメカニズムの特許申請をした。ベルギーFNハースタル社製のT48（FN FAL）も.22口径に変更されてテストされたが、オリジナルの7.62mm口径のライフルと同様に重いものだった。FNハースタルT48（FAL）は、米軍小銃トライアルにおいて、のちにM14制式ライフルとなるT44試作銃のライバルだった。

最初ストーナーは、7.62mm口径のAR-10ライフルを開発することに関心があった。一方、軍からは、全自動射撃と半自動射撃が切り替えられ、20連マガジンを装備した重量2.8キログラム以下の軽量な小口径ライフルを求める声もあった。要求性能は.30カービンと同等の殺傷能力を備え、有効射程が300ヤード（275メートル）であることだった。この要求は、のちに350ヤード（366メー

基本射撃訓練でドリル・サージャント（新兵訓練を担任する軍曹）と射撃教官にコーチを受ける兵士（新兵の基礎訓練ではヘルメットに迷彩カバーをかぶせない。したがって歩兵訓練だとわかる）がＸＭ16Ｅ1ライフルをフルオート射撃している場面。写真のＸＭ３バイポッドは折りたたみ式ではなく、洗濯ばさみのように銃身に取り付ける。（ポーク基地博物館）

トル）、さらに400ヤード（457メートル）に引き上げられた。

ロバート・フリーモンとジム・サリバンの支援を受けたストーナーは、AR-10ライフルをスケールダウンして、.222口径のAR-15を開発した。その改良設計には、AR-10ライフルに多くの修正と調整を加える必要があった。

アメリカ戦略空軍司令官が1957年、アフリカへ狩猟旅行に出かけた際、フェアチャイルド社の社長も同行した。この旅行中に

AR-15ライフルの売り込みが盛んに行なわれたに違いない。

アメリカ陸軍がM14を制式ライフルに選定した数日後の1957年5月、ストーナーはジョージア州フォートベニングの歩兵学校でAR-15ライフルのデモンストレーション射撃を行なった。このとき使用されたAR-15ライフルは、.222レミントン・スペシャル弾薬を使用するものだった。この弾薬はのちに改良されて.223レミントン弾薬、5.56mmNATO弾薬に発展していった。

デモンストレーション射撃でAR-15ライフルは、ウィンチェスター社が提出した.224口径のライトライフルと比較テストされた。小口径高速弾薬ライフルテスト向けにウィンチェスター社が開発したライトライフルは、M1カービンとM14ライフルを掛け合わせたような外見で、木製のストック（銃床）を装備した伝統的なデザインのライフルだった。

このテスト向けにアメリカ陸軍武器科が提出した小口径の.22高速弾薬用に改造したT48（FN FAL）ライフルは、テストの結果、不合格とされた。AR-15ライフルのテスト中の故障件数は、1000発あたり6.1回だった。

歩兵兵器審議委員会は、AR-15ライフルとウィンチェスター・ライトライフルは、ともにM14ライフルの後継制式ライフル候補になり得る製品と評価した。ショルダー・レスト（訳注：床尾上板。射撃中に照準を安定させ、同時に射撃方向を容易に変更するために使用する。ストック後端上部に装備され、通常は折りたたんで格納されており、射撃時に後方に引き出して肩に乗せて使用する）と二脚を装備すればM15オートマチック・ライフルの代用とすることも可能だとした。

M14ライフルの場合、兵士が携行できる弾薬が220発であるのに対し、軽量小型のAR-15ライフルなら650発の.223弾薬を携帯可能な点も評価された。

一方、.223弾薬の問題点として、貫通能力が7.62mm弾薬よりはるかに劣ることや、銃身口径が小さいため銃身内に水がたまったままで射撃すると銃身膨張を起こしたり、最悪の場合、銃身破裂を起こしたりする可能性があること、射撃時の銃口発射炎が明るく敵に発見される危険性が大きいことなどが指摘された。

1958年８月、歩兵兵器審議委員会は、最終的にAR-15ライフルとウィンチエスター・ライトライフルには、さらなる研究と改良が必要だと結論づけた。この結果を受けてウィンチェスター社はトライアルを断念した。

M14ライフルを上回るAR-15の性能

1959年の初め、AR-15ライフル採用の可能性を検討する議会が開かれた。会議では、量産が始められていないM14ライフルの代替ライフルとして選定トライアルを継続すべきという意見、小口径ライフル・トライアル自体の中断を主張する意見、7.62mm口径ライフルの代替としてでなく特殊用途のライフルとして検討すべきだとする意見などが出された。

1959年２月19日、コネチカット州ハートフォードに本社を置くコルト社がAR-10ライフルとAR-15ライフルの製造ライセンスを取得した。このライセンス委譲は、アーマライト社にとって経営上、そして財務上の大きなミスと言わざるを得ない。

契約でコルト社は、AR-10ライフルとAR-15ライフルの生産に際して、アーマライト社にわずか７万5000ドルの製造ライセンス料と4.5パーセントの特許使用料を支払うだけだった。

マーケティングが開始されると、7.62mm口径のAR-10ライフルに対する関心が低かったのと対照的に、.223口径のAR-15ライフルに対しオーストラリア、ビルマ（現ミャンマー）、インド、マラヤ連邦（現マレーシア）、シンガポールから少数の発注があった。

同1959年５月「理論上AR-15ライフルで武装した５～７名の兵士グループは、M14ライフルで武装した11名の分隊より多数のターゲットに命中させることができる」とする報告書が陸軍戦闘開発実験センターから公表された。

1960年７月、デモンストレーション射撃でAR-15ライフルを試射した空軍のカーチス・ルメイ将軍は、このライフルをＭ２カービンに代わる兵器として推薦することを約束した。

1960年夏、10挺のAR-15ライフルが評価試験され、同時に陸軍武器科による追加テストも行なわれた。以前のトライアルの結果を受けて改良されたAR-15ライフルの故障件数は、1000発あたり2.5回の好成績を収めることができた。

コルト社は販売戦略を強化し、アメリカ軍の「ある種の採用」を獲得した。これは、軍事支援の一環としてアメリカが拠出した資金で外国がAR-15ライフルを購入できるようにするものだった。

1960年11月、空軍による評価試験が承認された。このトライアルで特級射手の成績をあげた兵士は、命中率がAR-15ライフルで43パーセントだったのに対し、M14ライフルでは22パーセントという結果だった。AR-15ライフルが高い命中精度を示したのは、弾薬の初速が速く低進性がよい（訳注：弾道がより直線に近い）ためだった。

ユージン・M・ストーナー：M16ライフルの産みの親

1922年11月22日、ユージン・ストーナーはインディアナ州ゴスポートで生まれた。まもなく一家はカリフォルニア州ロングビーチに引っ越し、ストーナーは地元の技術専門高等学校を卒業した。大学の工学部に進学を希望したが、大恐慌のさなかで経済的に大学進学は不可能だった。

1939年、ストーナーはベガ・エアクラフト社でハドソン爆撃機に武装を取り付ける仕事を得た。1942年から45年にかけて海兵隊員としてフィリピン、沖縄と華北（中国北部地域）に駐留。ストーナーは航空機の兵装担当兵として自動火器の整備任務についた。

1945年に除隊後、航空機装備品メーカーのホイットテイカー社に入社。工学学位を持っていないにもかかわらず、設計技師まで登りつめた。この時期にストーナーは独力で小火器の設計も始めた。

1954年、カリフォルニア州ハリウッドにあった航空機メーカーのフェアチャイルド社の武器製造部門、アーマライト社に入社した。同社は当時最新素材だった航空機用軽合金やプラスチックを活用した武器を設計することを計画していた。

主任技師となったストーナーは、AR-5（.22ホーネット弾薬を使用する空軍向けサバイバル・ライフル）、AR-7（.22ロング・ライフル弾薬を使用するサバイバル・ライフル）、AR-9とAR-17（12ゲージ弾薬を使用する半自動ショットガン）、AR-11（.222口径弾薬を使用する半自動試作ライフル）など多くの銃を設計した。これらの中で商業的に成功したのはAR-7だけだったが、彼の設計は小火器開発の進歩に大きく寄与した。

言うまでもなくストーナーが開発した製品の中で最も成功を収めたのは口径7.62mmのAR-10ライフルと5.56mmのAR-15ライフル

だ。後年設計したAR-18アサルト・ライフルは、AR-10ライフルやAR-15ライフルの成功には及ばなかった。

1959年、AR-15ライフルの製造ライセンスはコルト社に委譲され、アーマライト社の製造ラインは限定販売のAR-7サバイバル・ライフルを残すだけになった。これを機にストーナーはアーマライト社を退職。1961年、コルト社の契約コンサルタントとなり、その翌年、キャデラック・ゲージ社の5.56mm口径ストーナー63モジュール小火器システムの開発に取りかかった。これは銃身などの主要構成部品を交換するだけで6種類の火器に変身させられるものだった。

ユージン・ストーナー（Jimbo）

ベトナム戦争で実用試験されたが、すでにM16A1ライフルが広く配備されていたため制式採用にはならなかった。皮肉なことにストーナー自身が考案したM16ライフルのデザインが、より新しいストーナー63を打ち負かす結果になったのだ。

のちにストーナーは、M２ブラッドレー歩兵戦闘車に搭載する25mmM242ブッシュマスター機関砲の基礎開発にもTRW社で携わった。

1971年、オハイオ州ポート・クリントンで銃器メーカーのアレス社を共同設立し、アレス機関銃とフューチャー・アサルト・ライフル・システムを設計した。1977年には米陸軍武器科の名誉殿堂入りを果す。

1989年にアレス社を退職し、翌90年にフロリダ州タイタスビルの小火器メーカー、ナイツ・アーマメント社に移り、ストーナー96ウェポン・システムと.50口径半自動狙撃銃SR-50、7.62mm半自動狙撃銃SR-25を開発した。SR-25はアメリカ軍制式Mk11Mod0となり、現在も使用されている。

1977年、ストーナーはAK-47の設計者として名高いロシアのミハエル・カラシニコフ（1919〜2013年）と会っている。AK-47といえば戦争の最前線でM16ライフルと対峙した銃であり、世界で最も大量に生産されたアサルト・ライフルでもある。

両者の会談はスミソニアン協会が運営する国立アメリカ歴史博物館の小火器担当学芸員エドワード・イーゼル博士がお膳立てした。２人の伝説的銃器設計者は意見を交わし、お互いのアサルト・ライフルを試射した。

ストーナーが生涯を通じて取得した武器関連特許は100件以上にのぼり、アメリカ史上最も成功した銃器設計者の１人となった。１挺のAR-15ライフルが製作されるたびに約１ドルの特許使用料がストーナーに支払われたとされる。

彼の同僚はストーナーを「自明を見つける達人」と呼んだ。ストーナーが考えついたアイデアを前にすると誰しも「どうしてこんな簡単なことが思いつかなかったのだ？」と思うからだ。

1997年４月24日、２人目の妻と４人の子供に看取られながら、ユージン・ストーナーはフロリダ州パーム・シティで永眠した。享年75。アメリカ海兵隊は2002年に「ストーナー賞」を設立、毎年、作戦部隊を支援する装備の獲得や配備、技術革新分野で功績のあった下士官を表彰している。

コルト社にＡＲ-15ライフルの特許権を売却

1961年、ルメイ将軍が求める空軍によるAR-15ライフル８万挺の調達をめぐり、空軍、国防総省、陸軍、議会、諸官公庁の間で論争が起こった。調達に反対する側は空軍が旧式とはいえ十分な量のＭ２カービンを保有していることを理由にあげた。

アメリカ議会は、すでにM14ライフルの開発に予算を拠出しており、新たなライフルの開発配備にかかる費用捻出に慎重だった。AR-15ライフルを採用することで起こる、ほかのNATO加盟国の装備や弾薬統一との矛盾も反対の理由にあげられた。新ライフルと新弾薬を導入することで必要になる新たなスペアー部品や弾薬備蓄費用や兵站の負担増加も反対の理由となった。

これらの反対意見に対し、ルメイ将軍はAR-15ライフルを空軍に導入するための戦略を変更した。当時、ケネディ大統領はアメリカ陸海空海兵隊四軍の対ゲリラ作戦遂行能力強化を発令した。ルメイ将軍はこの指令を活用し、混成航空打撃部隊と航空コマンド部隊、とくに東南アジアに駐留している部隊（1968年、特殊作戦部隊と改称）の拡充を図ることにした。

この空軍の部隊拡充にともない、国防総省は、1961年９月、アメリカ空軍がAR-15ライフルを8500挺導入することを承認した。ルメイ将軍は、この機会にアメリカ陸軍もAR-15ライフルの採用することを迫った。彼のごり押しに対しケネデイ大統領は自らルメイ将軍を叱責した。

ベトナム駐留軍事顧問団（MAAG-V）は、体格の小さなベトナム共和国陸軍（当時）将兵にとってＭ１ライフルとブローニング・オートマチック・ライフル（BAR）は大きすぎ、他方、軽量で小型なＭ２カービンはジャングル戦で威力が不足しており、敵側が装備する7.62mm口径のSKSカービンやAK-47に対抗できないことを認めた。

ほどなく少数のAR-15ライフルが南ベトナム陸軍によって実戦テストされ、良好な評価を得た。その後、軍事顧問団が要求した1000挺のAR-15ライフル調達が承認されたものの、ルメイ将軍がケネディ大統領から叱責されたこともあり、これ以上のAR-15購入は見送られた。

1961年末、フェアチャイルド社はAR-15ライフルの製造権をコルト社に売却した。

全米ライフル協会の批判記事

1962年1月、アメリカ空軍は、M16の制式名をつけてAR-15ライフルを採用したが、調達するための予算のめどは立っていなかった。

1962年5月、全米ライフル協会（NRA）の機関紙『アメリカン・ライフルマン』がAR-15ライフルに批判的な記事を掲載した。AR-15ライフルは寒冷地で命中精度不良となり、信頼性にも欠けると指摘し、ライフリング転度を「1-14」から「1-12」に変更するよう提言した。（訳注：弾丸に回転を与える銃身内の溝を14インチで1回転するものから12インチで1回転するものに変更すること）

1962年1月、AR-15ライフル8万挺の調達を空軍が再申請すると、予算委員会は『アメリカン・ライフルマン』の記事に回答するよう空軍に勧告した。空軍の同誌に対するていねいな対応に好感を持った予算委員会は調達を認可した。

同じ時期、海軍特殊戦部隊シールズ（SEALs）も172挺を購入して性能試験を行なった。報告書は1962年7月に作成され、AR-15ライフルは最良のライフルと総合的評価を下し、南ベトナム軍のM１ライフル、M２カービン、分隊支援火器BAR、トンプソン・サブマシンガンに代えて一本化することが望ましいとした。

AR-15ライフルをはじめて実戦で使用したのは南ベトナム軍だった。ついでオーストラリア陸軍特殊空挺部隊が、インド・マレーシア紛争のボルネオ戦線で実戦投入した。

1962年９月、AR-15ライフルに対する相反した報告書が公開された。批判的な報告書は「M14ライフルの量産と配備が始められている。この時期に新型ライフルと新弾薬を導入することは、兵站上の問題を生じさせる。新型ライフルが現行のM14と同等の生産量に達するまでに２年以上かかる」というものだった。

分かれる評価に対し、M14ライフルとAR-15ライフルの新たな比較試験が行なわれることになったが、この試験でスキャンダルが起きた。「AR-15ライフルに不利になる試験のみを実施せよ」という歩兵兵器審議委員会の内部メモが流出したのだ。

1962年に行なわれた比較試験の評価報告書は、AR-15ライフルは銃身腔内に水がたまりやすいこと、信頼性が不足していること、M14ライフルに比べて射程や貫通能力が劣っていることが欠点として指摘されていた。

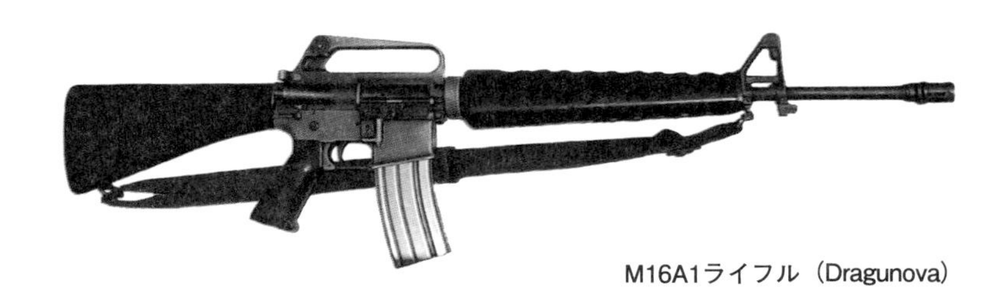

M16A1ライフル（Dragunova）

だがAR-15ライフルの射撃グルーピング（訳注：多数弾丸を射撃した際の命中の度合い。命中した複数の弾痕間の距離で測定する）は、AR-14ライフルのグルーピングの約半分の大きさで、良好だった。

報告書の評価を受けて以下の提言がなされた。

1）在ヨーロッパ米軍部隊とヨーロッパ派遣が決定している部隊はM14ライフルを継続使用する。

2）ほかの地域では時間ををかけてＭ１ライフルをM14ライフルに交換させることとし、最終的にAR-15ライフルを装備した部隊で得られた経験からAR-15採用の可否を決定する。

3）AR-15ライフルの信頼性と夜間射撃の欠陥を是正する。

4）AR-15ライフルは空挺部隊、ヘリボーン部隊、特殊部隊に配備する。

5）M14E2（M14A1）オートマチック・ライフルはM14ライフルを装備した部隊のみ配備する。

6）AR-15ライフル以外の新型ライフルの開発を継続する。

これらの提言がなされた時点で、すでにアメリカ陸軍、海軍、海兵隊の各軍はAR-15ライフルを制式ライフルとする検討に入っていた。

フッド基地で支給されたばかりのM16A1ライフルを掃除するテキサス陸軍州兵部隊の兵士。州兵部隊と予備役はM1ライフル（ガーランド）からM16A1に直接移行し、M14ライフルは配備されなかった。（テキサス州軍事博物館）

陸軍もAR-15ライフルを暫定調達

AR-15ライフルとM14ライフル、その他のライフルとの比較評価試験はいくつかの政府機関によって継続された。これらのトライアルがAR-15ライフルに対して不利になるように設定されているという異議申し立てはあとを絶たなかった。

たとえば、M1ライフルに要求される800ヤード（731メートル）の射撃距離でAR-15ライフルの命中精度が比較されたり、普通弾薬を使うスタンダードのAR-15ライフルが、マッチ弾を使用する射撃競技用M14ライフルと比べられたり、雨天試験がAR-15ライフルだけに行なわれたりした。

また、M14ライフルは半自動射撃が許されるのに対し、AR-15ライフルは全自動射撃のみだったなど、性能比較テスト中の不公平を数え上げればきりがない。

公正を欠いたトライアルは、M14ライフルの持つ欠点を軽視するか無視する反面、AR-15ライフルの欠陥を際立たせるものだった。

AR-15に対する否定的な見解の理由は、1962年に陸軍によって始められた「特殊用途個人武器（SPIW）プロジェクト」だった。陸軍が自信をもって進めたSPIWは、.17（4.32mm）口径のフレシェットという矢のような形状の弾丸を発射するもので、全自動射撃と半自動射撃の切り替えができるだけでなく複数のグレネード（榴弾）を発射できる機能も組み込まれていた。

このプロジェクトの提唱者は「1966年に制式化とする」と自信満々だった。小口径で、しかも軽量なAR-15ライフルは一部このプロジェクトの目標と重複し、計画そのもののライバルになりかねなかった。そのため陸軍の一部はことさらにAR-15ライフルを敵視したのだ。事実、AR-15ライフルが陸軍に採用されると、先の見えないSPIWプロジェクトは1972年に開発打ち切りとなった。

AR-15ライフルと使用する弾薬に関する多くの改良が1963年に行なわれた。ライフリング転度を「1-14」から「1-12」に変更することで、より良好な弾道を得るための物理的な解決策になった。弾丸の重量とその形状に適合するライフリング転度を選択することは、最大の弾丸初速を得るうえで最も重要なことのひとつなのだ。

M14ライフルと同様に銃身内面と薬室腔内をクロームメッキすればAR-15ライフルの欠陥は軽減でき、射撃後のクリーニングも楽になる。同時に銃身の寿命も延長できるはずだったが、この重要な提案は却下されてしまった。

AR-15ライフル本体だけでなく、使用する弾薬と弾薬の性能試験についても大論争となった。AR-15に最適な弾薬の弾丸形状、発射薬の選定などで意見を統一することができなかったからである。ちなみに初期段階では、公称.223口径だが実測.224口径だったことから、現在の5.56mmではなく5.64mm弾薬と呼ばれていた。

1963年の時点で空軍はAR-15ライフルを8500挺保有しており、加えて9000挺が追加発注されていた。最終的に５年以内に８万5000挺を調達する予定だった。

対する陸軍が保有するAR-15ライフルは、わずか338挺で、空挺部隊、ヘリボーン部隊、特殊部隊向けとして８万5000挺のスポット購入が予定されていた。

1963年２月、ロバート・マクナマラ国防長官は、SPIWが採用配備されるまでの暫定的なライフルとしてAR-15ライフルの購入を承認した。

ベトナム軍事援助司令部（MACV、旧称ベトナム駐留軍事顧問団：MAAG-V）が要請した１万挺は無視された。翌月、アメリカ陸軍、海軍、空軍、海兵隊のAR-15ライフル調達要請は、修正箇所と調達費用を最大限おさえる条件付きで認可された。

海兵隊は性能比較試験を行ない、「AR-15ライフルとM14ライフルは、訓練の容易さ、信頼性、戦闘における実用性においてほぼ互角であるが、AR-15ライフルの方が軽量で扱いやすく、訓練時間を短縮できる」と評価した。

さらにAR-15ライフルと同じ弾薬を使用する機関銃が存在しないという指摘もなされた。同時にM60汎用機関銃に代わる.223口径の機関銃が完成されるまで「AR-15ライフルを制式にすることは待つべきだ」という提言がなされた。

この提言に応えて、もしM60汎用機関銃を廃止して、7.62mm弾薬に比べて射程と貫通能力がはるかに劣る5.56mm（.223）弾薬を使用する機関銃に一本化されていたら致命的な誤りになっていただろう。

海兵隊はM14A1オートマチック・ライフルの信頼性を疑問視して採用しなかった。代わりに海兵隊は5.56mm口径のストーナーM63軽機関銃の採用を検討した。（注：ストーナーM63シリーズの軍名称は次の通り。海軍：Mk23〔軽機関銃仕様〕、陸軍：XM22〔ライフル仕様〕XM23〔カービン仕様〕XM207〔軽機関銃仕様〕）

問題を抱えながらも部隊配備開始

1963年３月、陸軍がアメリカ四軍で使用するすべてのAR-15ライフルと弾薬の調達機関に任命され、AR-15プロジェクト・オフィスが創設された。製造はコルト社が独占的に請け負った。

陸軍はAR-15ライフルにボルト・フォワード・アシスト（銃の右側面に設けられたボルトの閉鎖装置）の追加を求めたが、空軍はこれを拒否した。海兵隊と海軍はボルト・フォワード・アシストを受け入れた。

結局、空軍のライフルにはボルト・フォワード・アシストは装備されなかったが、これは銃身内面のクロームメッキ不採用に次ぐ重大な判断ミスだった。

配備計画が進み、改良を加える場合、事前にコルト社に通告することとユージン・ストーナーに助言を求めることが決められた。

陸軍は銃剣、バイポッド（二脚）、クリーニング・キット、予備部品の価格の交渉をフェアチャイルド社、コルト社と行なった。その際フェアチャイルド社に支払われることになっていた予備部品の特許使用料15パーセントは免除された。5.56mm弾薬2800万発の調達も認可された。

1963年９月、AR-15ライフルは「ライフル. 5.56mm. XM16E1」「制限付きスタンダード」と型式分類された。この分類は特殊目的のために数量を限って調達される装備品の扱いだった。「弾薬. 普通弾. 5.56mm. M193」も同時に制式となった。

ボルト・フォワード・アシストをめぐる陸軍と空軍の確執に加え、ボルトを閉鎖する際に起こる暴発の問題などのため、大量調達の手続きはなかなか進まなかった。業を煮やしたコルト社は「受注の問題が解決せず、生産が再開されない場合、AR-15ライフルの製造ラインを撤去する」と通告した。９月になってようやく1330万ドル相当の契約がコルト社と締結された。

発注は陸軍と海兵隊向けのXM16E1ライフル８万5000挺と空軍向けのM16ライフル１万9000挺だった。生産は1964年５月から1965年４月までの期間に行なわれ、11カ所の改良点が指示されており、生産が開始される直前になって、XM16E1ライフルにはボルト・フォワード・アシストが設けられることになった。M16ライフルにこの機構はない。よくXM16E1ライフルにボルト・フォワード・アシストが付いていないといわれるが、これは誤りだ。

契約は数回修正され、ライフルの生産数は20万1000挺に増加し、5.56mm弾薬も7800万発が追加発注された。M16ライフルは、量産開始当初からさまざまな問題に悩まされた。コルト社の品質

管理不足、弾薬をめぐる発射薬のタイプ、薬室内圧力、弾丸形状などに関する絶え間ない論争。さらに水抜きの穴がないボルトが組み込まれていることから生じる問題などだった。

これらの問題を抱えているにもかかわらず、陸軍は1963年５月にXM16E1ライフルの部隊配備を開始した。M16ライフルに関する記事がときおり銃器の専門誌や新聞に登場していたものの、一般の人々にはまだ無縁の存在だった。

一般人がAR-15ライフルを最初に目にしたのは、おそらく1964年２月に封切られた軍事サスペンス映画『５月の７日間』だっただろう。映画公開からほどなくして、民間の銃砲愛好家からコル

小銃分隊による実弾を用いた戦闘射撃訓練の様子。明るい色のヘルメットを着用した２名の教官が、上級個人訓練課程の兵士らを教育している。中央のＸＭ３バイポッドをM16に装着した兵が「オートマチック・ライフルマン」の役割を果たしている。しかし、バイポッドを付けただけのM16ライフルでフルオート射撃しても、本物の分隊支援火器や軽機関銃の代用にはならない。（ポーク基地博物館）

ト社に「この新型ライフルは市販されるのか」という問い合わせが舞い込み始めた。

XM16E1ライフルの特徴

XM16E1ライフルは従来のいかなるライフルとも異なり、ユニークな特徴を備えていた。導入当初「未来的」と評され、人々はその外観に魅了された。武器をその見た目で評価するのは好ましくない。XM16E1ライフルは重量を軽減し、耐腐食性能を実現するためにNo.6061航空機用アルミニウム合金を用いて上下のレシーバーを製作した。部品の表面は陽極酸化処理とパーカライジング加工（錆防止のリン酸塩皮膜表面加工）が施されて耐摩耗性が高められている。銃身、ボルト、ボルト・キャリアーなどの内部メカニズム部品は鋼鉄で製作されている。錆びやすいと指摘されるのは排莢孔のダスト・カバー部品だ。

ストック（銃床）、ハンドガード、グリップは、ガラス繊維で強化されたプラスチックで製作されており、破損したり歪んだりしにくく、ライフル全体を軽量化している。ストックを強化するため、発泡プラスチックがストック内部に充填されている。

XM16E1ライフルの構成部品数は約100個（AK-47は約130個、M14ライフルは70個強）だ。容易に分解できるように設計されており修理もしやすい。また、特殊な工具を用いることなく簡易分解を行なえる。フロント・サイト（照星）、リア・サイト（照門）、マガジン・リリース・ボタン（弾倉取り外しボタン）のバ

XM16E1ライフルの諸元

口　径	5.56mm×45mm
全　長	986mm
銃身長	546mm
重量（弾薬なし）	2.88kg
マガジン	20連箱型
発射速度	750～850発/分
射撃モード	半・全自動切り替え
銃口初速	970m／秒
有効射程	460m

注：初期型ＡR-15ライフルと空軍仕様のM16ライフルは事実上同一である。

ネ張力調整などは弾薬の弾頭の先端部分を使って行なう。

一般的な従来のライフルは、ストック（銃床）が銃把（じゅうは）（訳注：引き金を引く手で握る部分）部分で湾曲している。射撃する際にここが支点となって反動で銃口が跳ね上がりやすい。

XM16E1ライフルは銃身、ボルト、ボルト・キャリアー、リコイル・スプリング、リコイル・バッファーが一直線上に並ぶ直銃床で設計され、銃口の跳ね上がりを軽減している。

XM16E1ライフルは、弾丸が軽く発射薬の少ない小口径弾薬を使用するところから、銃口部の跳ね上がりはいっそう軽微になる。結果、M16ライフルは、AK-47をはじめとする同時代のアサルト・ライフルに比べ、遠距離でより高い命中精度が期待できた。

初期に製作されたXM16E1ライフルには、先端が三つに割れた形状のフラッシュ・サプレッサー（消炎器）が装備されていた。この部品はわずかながら反動を軽減させ、マズル・ブレーキ（銃口制退器）の役割も果していた。

フラッシュ・サプレッサーは、外径が21ミリあり、ここにロケット型のNATO標準のライフル・グレネード（榴弾）を差し込んで発射器なしに射撃できる。

フロント・サイト（照星）は、ガス導入孔、着剣突起（銃剣の装着部）、前部スリング・スイベル（スリング装着環）などを一体化させた三角形のサイト・ベース（照星座）の上部に設けられている。サイト・ベースにライフル・グレネードの照準を行なう簡易グレネード・サイト（榴弾照準器）を装着することも可能だ。

細いステンレス・スチール製ガス・チューブがフロント・サイ

M16A1ライフルのアッパー・レシーバーの右側面。T字型のチャージング・ハンドル上部にリア・サイト調節ディスクが、下部にボルト・フォワード・アシストが見える。排莢孔カバーが開いており内部のボルト・キャリアーがわかる。小さな切れ込み（写真に見えないもの含めると28個ある）にフォワード・アシストの先端が当たり、ボルト・キャリアーを前進・強制閉鎖させる。トリガー・ガードの前部の畝（うね）のような形状の突起部分は、マガジン取り出しボタンを誤って押さないようにするための囲いである。（David Trentham）

ト・ベース内から銃身上部に沿って上部レシーバーまで伸び、ボルト・キャリアー上部のチューブ状のガス・ポート（ガス・キー）に接続している。

ボルト・キャリアーは、先端部分に小ぶりのボルトが収められており、上部でT字型チャージング・ハンドルと結合している。チャージング・ハンドルは、上部レシーバーのキャリング・ハンドルの後端基部の左右に突き出している。

ゼネラルモーターズ・ハイドラ・マチック社が製造したM16A1ライフルのレシーバー左側面。マガジン挿入部上の水平の棒状のものはマガジン取り出しボタンの裏側。その上はボルト・リリース・レバーで、弾薬を入れたマガジン装着後にこれを押すと、後退していたボルトが前進し装弾される。写真ではセレクター・レバーは「SAFE（安全）」にセットされている。レバーを縦位置にすると「SEMI（半自動）」、後ろ向きにすると全自動モードになる。「FULL（全自動）」の文字はレバーに隠れて見えない。左右２部品からなるハンドガードを取り外すには、後端のリテイニングリング（止め輪）を引くが、保持バネが強すぎる不便があった。M16A2とその後のモデルではこの問題は是正された。（David Trentham）

チャージング・ハンドルは、T字型部分の左側に装備されたラッチを押してから後方に引いてボルト・キャリアーを後退させる。ごく初期に製作された試作AR-15ライフルのチャージング・ハンドルは引き金型をしており、キャリング・ハンドル内に組み込まれていた。

排莢孔は上部レシーバーの右側にあり、ダスト・カバーで保護されている。ダスト・カバーにはスプリングが組み込まれており、射撃すると開く仕組みになっている。開いたダスト・カバーは手で閉じる。

マガジンをロックするボタンは、下部レシーバー右側面の排莢孔と引き金の中間に設けられている。ボルト・フォワード・アシストは上部レシーバー後端の右側面にある。

ボルト・フォワード・アシストは、リコイル・スプリング（復座バネ）の圧力だけでボルトを前進できなかった場合に用いる。ボルト・キャリアーを前進させ、ボルトを強制的に閉鎖する仕組みになっている（この装置はAR-15ライフルやM16ライフルに装備されていない）。

リコイル・スプリングの圧力だけでボルトを前進させられない場合、ボルト・フォワード・アシストを手で押すと、先端がボルト・キャリアー右側面の28個の切れ込みのどれかに当たり、ボルト・キャリアーを前進させ、ボルトを強制閉鎖する仕組みだ。

全自動射撃と半自動射撃を選択するセレクター・レバーは、下部レシーバー左側面のピストル・グリップ上方に装備されている。セレクターはセフティを兼用している。

最終弾を発射後に後退して停止したボルトのロックを解除するボルト・リリース・キャッチも下部レシーバー左側面の上方にある。マガジンを交換してこのレバーを押すと、ボルトが前進し、マガジン内の弾薬は薬室に送り込まれる。

下部レシーバーには、前方にマガジン装着孔、その後方に引き金、さらにその後方にプラスチック製で中空のピストル・グリップが装備されている。引き金の下方に装備されたトリガー・ガードはちょうつがい式になっており、ピストル・グリップ側に開くことができる。冬季に手袋をしたまま射撃するための配慮だ。

引き金と撃鉄は、M１ライフルやM14ライフルに使われたものに近い形式だ。上部レシーバー上方がキャリング・ハンドルになっている。キャリング・ハンドルには、照準の左右調整ができるリア・サイトが装備されている。リア・サイトは、回転・跳ね上げ式のピープ・サイト（円孔照門）形式で、遠距離と短距離が選択できる。

フロント・サイトとリア・サイトは、ともに保護ガードが左右に装備されている。光学照準器や「スターライトスコープ」などの暗視スコープをキャリング・ハンドルに装着できる。

発泡材を充填したストックの内部にはリコイル・バッファーが収納されている。この正式名称はリコイル・スプリング・ガイド。銃砲コレクターの間ではエッジウォーター・バッファーと呼ばれている。このメカニズムを採用しているため、折りたたみ式のストックが使えない。そのため短縮型モデル（XM177とM４カービン）には伸縮式のストックが採用された。ストック後端には硬化ゴムのようなプラスチック製バット・プレート（床尾板）が装着されている。AR-15ライフル、M16ライフル、XM16E1ライフル、初期型のM16A1ライフルは、ストック内部のクリーニング・キット収納スペースがない。

後部スリング・スイベルは床尾の下端部に設けられた。ハンドガードは左右２分割方式で、後端のリテイニング・リングを後方に引いて取り外す。アルミニウム製熱反射シールドがハンドガード内側に装着されており、これにはハンドガードの強度を増す役割もある。ハンドガード上部と下部には複数の冷却通気孔が空けられている。

M16A2ライフル以前のモデルには、先に向かって細くなる三角形の断面をしたハンドガードが装備されている。このハンドガードのデザインにより、手の大きさに関係なく最適で安定したグリップを得られる。

軽合金製でダブルカラム（復列式）の20連箱型マガジンが最初に供給された。このマガジンは破損・変形しやすく、取り扱いに注意が必要だった。金属製マガジンのほかにプラスチック製マガジンもテストされた。

M16ライフルは軽量小型で扱いやすい点が最大の特徴で、操作、整備、射撃の訓練も容易だ。使用する5.56mm弾薬は軽量小型で、7.62mm弾薬よりはるかに多く携行できることも利点だ。460メートルでもかなり高い命中精度を持っているとされている。400メートルまでなら命中弾が十分な殺傷力能力を備えている。筆者の意見として、5.56mm弾薬は全自動射撃を安定して行なえるものの、射程が100メートルを超す正確な狙撃には疑問符をつけざるを得ない。

XM16E1ライフルの配備開始

ベトナム派遣に先立ちXM16E1ライフルを支給された将兵は、この銃に対して賛否相半ばする印象を持った。軽量・小型で使い勝手がよく、火力が大きい点に関しては、多くの将兵が賞賛した。だが全自動射撃が効果的なのは特殊な状況のみで、XM16E1ライフルが遠距離であまり命中を期待できないことも大半の将兵が認めるところだった。

XM16E1ライフルのクレームで最も多いのは壊れやすいことだった。重量があり極めて堅牢なM１ライフルやM14ライフルに比べると、小ぶりの「ブラック・ライフル」（XM16E1ライフルに兵

ベトナムの山岳民族からなる非正規防衛部隊「モンタニャード・ストライカーズ」とともに行動中の特殊部隊（ＳＦ）の大尉（1964年の撮影）。ＳＦはベトナムで最も早くＸＭ16Ｅ1ライフルを使った部隊のひとつである。（Larry Burrows）

士たちが早速付けたニックネーム）は、一見おもちゃのような外見から、有名な玩具メーカーにちなんだ「マテル・トイ・ライフル」のニックネームで呼ばれることもあった。M16ライフルが実際に玩具メーカーのマテルで製作されているといううわさが流布されたこともあった。証拠としてレシーバーにマテル社の刻印が打たれた製品の写真も公表されたが、これは合成写真だった。

M16ライフルには「プラスチック・ライフル」とか「ブラック・マジック」などのニックネームも付けられた。

1965年３月、ジョージア州ゴードン陸軍基地で訓練中の空挺歩兵部隊の新兵にXM16E1ライフルが支給された。これが訓練部隊に対するXM16E1支給の最初だった。

1965年夏、このライフルの弾薬の発射薬に最適とされたIMR（Improved Military Rifle）火薬を装塡した弾薬の在庫がなくなったところから、XM16E1ライフルは受領審査を通過することができなくなった。そのためコルト社は生産を中断せざるを得なくなった。

さまざまな問題を抱えていたにもかかわらず、1965年７月、ベトナム軍事援助司令部を統括するウィリアム・ウェストモーランド将軍は、ベトナムに駐留するすべての米軍にXM16E1ライフルを配備することが可能かどうか検討するように指示した。

1965年８月、30発容量のマガジンの開発が始められた。設計

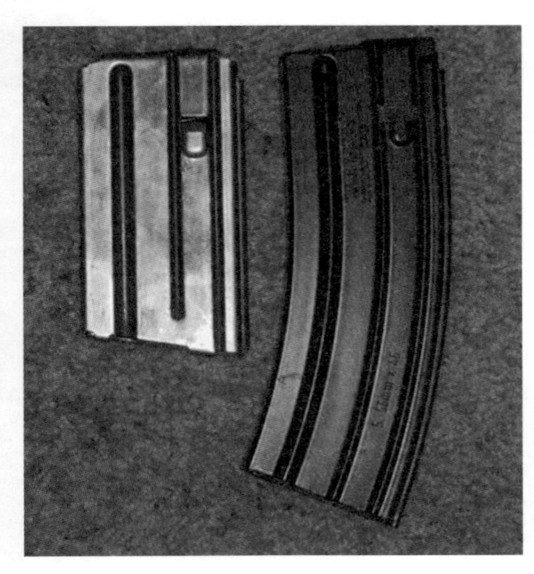

ベトナム戦争当時の20連箱型マガジン（左）と新式の30連湾曲箱型マガジン。30連マガジンの上半分は真っ直ぐで下半分が湾曲していることに注目。（Raygun）

上、M16ライフルのマガジン装着部分の挿入孔が深いため、弾倉の上半分が真っすぐで、下半分だけカーブしていることが求められた。生産が始まると、品質管理が不徹底だったため、マガジンのライフル挿入部分（上半分）の寸法が一定でなく、すぐに実用化できなかった。

1965年後半、アメリカ沿岸警備隊に少数のXM16E1ライフルが支給された。その際、返納された旧装備品のライフルはオーストラリアに供与された。

1968年12月、海兵隊の同意を取り付けたウェストモーランド将軍は、米陸軍と海兵隊向けに18万挺、ベトナム共和国陸軍向けに10万6000挺、駐ベトナム韓国軍向けに9000挺を速やかに調達するよう促した。コルト社には、生産量を倍の月産１万6000挺に増加する指示が出された。同時に弾薬の生産規模も拡大された。

国防総省は軍事援助向けとして新たに12万3000挺を上乗せし、弾薬１億1500万発も発注された。1966年の初め、サブマシンガン・バージョン（訳注：本来は拳銃弾を使う全自動射撃小火器がサブマシンガンの定義だが、カービンより短いアサルト・ライフルもこのように呼ばれることがある）のM16ライフルが必要との提言がなされた。ベトナム軍事援助司令部の研究・偵察グループ（MACV-SOG）の特殊部隊が、ラオスとカンボジアで秘密裏の越境偵察を行なうときに使用するほか、歩兵部隊の拳銃の代替武器となることも示唆された。

SOGはスウェーデン製の９mm口径カール・グスタフm/45bサブマシンガン（通称「スウィーディシュK」）を使っていたが、スウェーデンがベトナム戦争反対を理由に対米武器輸出禁止を決議したため供給が途絶えるおそれがあった。

ベトナム戦争当時のM16ライフル

軍名称	ユーザー	コルト社名称	生産期間
ＡＲ-15ライフル	空軍	601	1959～63年
ＡＲ-15ライフル	空軍	602	1963～64年
M16ライフル	空軍	604	1964～65年、1970年
ＸＭ16Ｅ1ライフル	陸軍　海兵隊	603	1964～67年
M16Ａ1ライフル	陸軍　海兵隊	603	1967～82年
Mk4Mod0ライフル	海軍	604改良型	1970～71年頃
ＸＭ177サブマシンガン	陸軍	610	1966年
ＸＭ177Ｅ1サブマシンガン	陸軍	609	1967～68年
ＸＭ177Ｅ2サブマシンガン	陸軍	629	1967～70年
ＧＡＵ-5/Aサブマシンガン	空軍	649	不明
ＧＡＵ-5/A/Aサブマシンガン	空軍	630	不明
ＧＡＵ-5/A/Bサブマシンガン	空軍	629（ＸＭ177E2）	1967～70年
ＧＡＵ-5/Pサブマシンガン	空軍	610（ＸＭ177）	1966年

空軍はサブマシンガン仕様のＭ16をＧＡＵと称した。ＧはGun（ガン）、ＡはAirborne（機上搭載）、ＵはUnit（ユニット）で、本来はガトリング・ガン（20mmバルカン砲）など航空機搭載火器を指す。したがってライフルなどの火器はＧＡＵの範疇には入らない。なぜこの名称が与えられたのかは不明である。ＧＡＵをGun、Automatic（オートマチック）、Unitと解釈する説もあるが誤りだ。

サブマシンガン・バージョンのCAR-15にはXM177E1の仮制式名が与えられ、コルト社に2050挺の生産が発注された。同時期コルト社には40万挺の生産に対応できるよう通達が出され、弾薬生産量も月産1億5000万発に引き上げられた。

1966年2月、ベトナムに派遣される歩兵交代要員に対し、XM16E1を使った訓練がアメリカ本土で始められた。海兵隊もM16ライフルの調達を開始した。1966年度の調達計画は、陸・海・空軍・海兵隊向けのM16が48万3000挺となっていた。調達計画はまもなくXM16E1ライフル80万8000挺、M16ライフル2万9000挺、XM177サブマシンガン2800挺に拡大された。

生産量を増大させるため、コルト社に加え、もう1社を選定すべきとの提言がなされ、検討が始められた。

1966年6月、性能を向上させた発射薬を装塡した弾薬の納入開始。改良型バッファーも認可された。

1966年8月までにベトナムの前線部隊はXM16E1ライフルを受領した。その後もしばらく後方支援部隊の多くはM14ライフルを使い続けた。

1966年9月、先端が閉じて4つのスロットが切られた「バードケージ」型消炎器が装着されるようになった。先端が尖った従来型は作戦中に木の枝やツルに引っかかるうえ、衝撃に弱く銃身内に水が侵入しやすい欠点を持っていた。

1966年1月、陸軍参謀長はXM16E1ライフルを全陸軍に配備するにあたって、スタンダードA（訳注：最も望ましい性能を有する装備品のカテゴリー）として制式にするよう推奨した。同時にXM16E1ライフルとの換装が完了するまでの間、M14ライフルおよびM14A1分隊支援火器もスタンダードAにとどめるべきとの提

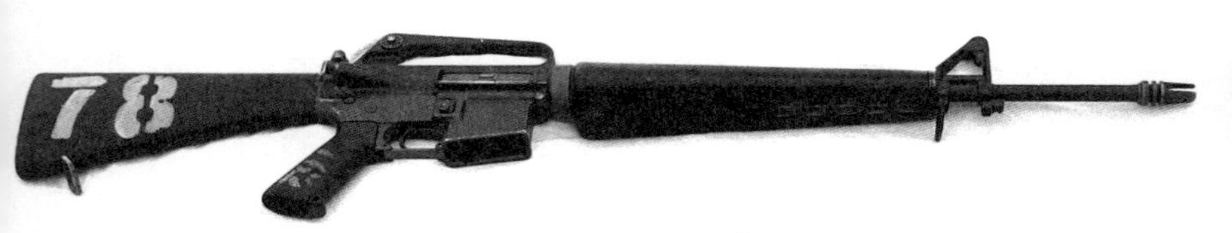

先端が尖ったタイプの消炎器を備えたM16A1ライフル

言がなされた。

同じく1966年1月、初期納入分のXM177サブマシンガン2000挺が納入された。

このほか以下の提言もあった。

1）M14A1ライフルに相当する5.56mmオートマチック分隊支援火器は採用するべきではない。

2）一部の拳銃とライフルの代替火器としてXM177サブマシンガンを制式にすべきだ。

3）XM149榴弾発射器を制式にすべきだ。

4）XM16Elライフルの改良を継続し、改良は量産型ライフルに順次、反映させるべきだ。

実戦で明らかになった欠陥

1965年、ベトナムに派遣された空挺部隊とヘリボーン部隊は、アメリカ国内でXM16E1ライフルの訓練を受けていた。訓練は射撃後に不可欠な分解クリーニングをはじめ、ライフルの微妙な特性を考慮し適正に行なわれた。XM16E1ライフルは7年間にわたり広範囲な改良と性能試験が行なわれてきたにもかかわらず、ベトナムの過酷な気候条件で長期にわたって戦闘に使用されると欠陥が露呈し始めた。

1970年代初頭、ブートキャンプ（新兵教育隊の基礎訓練課程）でＭ16Ａ1ライフルの取り扱いを学ぶ新兵たち。なかの１人は講義が退屈と見え、あくびをしている。彼らより以前の新兵は7.62mmのＭ14ライフルを使用した。歩兵上級訓練では、1969年からＭ16ライフルが使われた。（ポーク基地博物館）

1965年、第173空挺旅団、第101空挺師団、第１騎兵師団が主要な戦闘部隊としてベトナムに派遣された。全部隊ともにXM16E1ライフルで武装していた。陸軍の第１、第25、第４の各歩兵師団と海兵隊はいずれもM14ライフルで武装していた。後続部隊の第９歩兵師団、第23歩兵師団（1942年の新編当初は「アメリカル師団」と称した）を構成する各旅団、そして残りの第101空挺師団などには、XM16E1ライフルや新たに制式となったM16A1ライフルが支給された。

1966年8月に派遣された第196軽歩兵旅団は、M14ライフルで訓練されたが、輸送船に乗る間際になってM16E1ライフルが支給された。

早くからベトナムに展開した部隊のなかで、M16ライフルの重大欠陥の報告がなかったのは第1騎兵師団だけだった。海兵隊も当初、問題なしとしていたが、報告は上級司令部からのもので、部隊レベルからのものではなかった。

1967年4月、海兵隊へ本格的にXM16E1ライフルの配備が始まると、いくつかの問題が浮上した。第一にクリーニング・キットの不足だ。兵士に銃口をクリーニングするためのボア・ブラシとクリーニング・ロッド（銃身内部を清掃する棒状の用具）が支給されていればよいほうで、薬室の汚れを落とすチャンバー・ブラシなど聞いたこともない将兵がほとんどだった。

コルト社は「M16は新素材を多用した先進ライフルで、メンテナンスの必要はない」と過大に広告していたといわれる。その結果、ブラック・ライフルは「自浄能力」を持っていると拡大解釈され、部隊レベルで有効な手入れ法が指導されず、取り扱いマニュアルも不足していた。

ボルト・フォワード・アシストは作動不良の解消に役に立たないというクレームが出た。だが、この部品は汚れた薬室に無理やり弾薬を押し込むための機構ではない。射撃後のクリーニングが不十分だと汚れが堆積し、薬室の表面に孔食（訳注：金属の表面が腐食されて小孔が空くこと）が発生した。この孔食にオイルやほこり、砂、発射薬の燃えかすなどが付着し、発射後の薬莢の薬室付着事故を誘発した。結果、薬室圧力が高まり、連射速度が速くなる。連射速度が速くなると排莢不良を起こしやすくなり、二

“世界最大”のM16ライフルの模型。取り扱い手順と各部分の機能を新兵に教えるための教材である。(ポーク基地博物館)

重装塡（ジャミング）が発生する（訳注：発射後に薬莢が薬室内に残り、そこに次弾がぶつかって射撃が中断される事故)。薬室に張り付いた薬莢を引き出せず、薬莢の底部のへり（リム）をエキストラクターがちぎってしまい、射撃が継続できなくなる最悪の事故も起こった。

薬室に張り付いた薬莢を除くには、仮にクリーニング・ロッドを持っていれば、銃身に差し込んで薬莢をたたき出す。それでも取れなければ、M16ライフルを簡易分解し、ボルト・キャリアーを外さなければならない。

ベトナムの戦場で、途中まで分解したM16ライフルの傍らで死亡している兵士が発見されたという複数の報告がある。エキストラクター本体やエキストラクター・スプリングの破損も問題だった。

これらの欠陥にはいくつかの原因がある。薬室をクロームメッキしなかったこととベトナムの高温多湿の戦場環境だ。この環境下で通常を上回る頻度の全自動射撃と異常に高い発射速度が重なり、薬室が腐食され表面に小穴が空いた。そのうえ不適切な潤滑油の使用と手入れ不足が重なり、M16ライフルは頻繁に射撃不能事故を起こすことになったのだ。

故障の原因は発射薬

1967年春、ケサン郊外の丘をめぐる戦いで、多数の海兵隊員がXM16E1ライフルの欠陥にはじめて直面した。以下は、海兵隊士官ディック・カルバーの報告だ。

「ケサンの戦いからまもなく第１兵站支援連隊が事故の原因特定のため、われわれのヘリコプター揚陸艦に原因究明班を送り込んできた。この武器科チームは到着するやいなや言った。『貴官たちが体験したとする問題に関してしては承知している。この優れた小型軽量ライフルに欠陥銃という濡れ衣を着せた全責任はこの大隊にある。貴官たちの返答を聞くまでもなく、これが結論だ！』。後方部隊の連中は、故障の原因がライフルをクリーニングせず使用可能な状態にしておかなかったからだと言うのだ。無能な指揮官に率いられた武器の使い方も知らない怠慢でやる気のない兵卒たちが原因だというのだ。これを聞いてわれわれの髪が逆立ったのは言うまでもない」

海兵隊と陸軍の戦闘部隊がベトナムに到着してしばらくすると、M16ライフルの故障に関するクレームが報告され始めた。戦場の将兵たちが語るM16ライフルに関する苦々しい思いは、公式・非公式のルートを通じて本国に伝えられた。無理からぬことだった。陸軍と海兵隊の関連部局はいつ終わるともしれない原因究明を行ない、議会聴聞会が何回も開かれた。

新聞は、分解されたM16ライフルの脇で息絶えた米兵の写真と膨大な現地報告を記事にしてM16ライフルを酷評した。ある調査によると、インタビューに答えた将兵の50パーセントが主に排莢不良などの故障を経験したという。新たに支給された「小火器用潤滑油」が故障防止に効果があるとされたが、薬莢の張り付き、エキストラクターとエキストラクター・スプリングの破損、セレクター・レバーの故障は日常的に起こっていた。

真犯人は陸軍武器科長が使用を指示した発射薬だった。これまで陸軍は軍用弾薬の発射薬として粒状火薬を使用し成功を収めてきた。ほかの火薬より燃えかすなどの汚れを生じやすいが、M14ライフルやM60マシンガンでは悪影響が出なかった。M16ライフルは、デリケートなダイレクト・インピンジメントと呼ばれるガス作動方式が組み込まれている。発射の際に生じるガスを銃身上方の細いガス・チューブを通じてボルト・キャリアーに直接吹き込む構造だ。

一般的な小火器はオペレーティング・ロッドやガス・ピストンが火薬の燃えかすを「ブロック」し、作動システムに汚れが溜まらないようになっている。M16ライフルにはこれらの部品がない。

その結果、レシーバー内に放出された燃えかすは、ボルト、ボルト・キャリアー、ガス・チューブにこびり付き、急速に蓄積されてしまう。ダイレクト・インピンジメントは銃の構成部品数を減らし、重量の軽減に寄与するデザインだが、その構造上、不適切な弾薬の発射薬との組み合わせは大惨事に直結してしまう。

前述の通り、ダイレクト・インピンジメント方式では、銃身から導かれた高温の発射ガスがガス・チューブでガス・キーに導かれ、ボルト・キャリアー内部の空洞で膨張する。このとき生じる圧力によってボルト・キャリアーが後退し始める。ボルト・キャリアーの穴を通じボルトに取り付けられたカムの働きで、バレルとロックされていたボルトを回転させる。ボルトが銃身から解除されると、ボルト・キャリアーは銃身内の残圧で後退を続け、空薬爽を排出しながら銃床内部のリコイル・スプリングを圧縮する。後退したボルト・キャリアーは、圧縮したリコイル・スプリングの圧力で前進に転じ、マガジンからバレルに弾薬を送り込み、ボルトが回転して銃身とロックする。

ボルトには8個のロッキング・ラグ（訳注：ボルトを閉鎖するための突起）が放射状に並んでおり、うち1個はエキストラクターの上部にある。

射撃すると、とくにガス・チューブ後端とガス・キー、ボルト、ボルト・キャリアー、レシーバー内部に汚れが溜まりやすい。しかもこれらはクリーニングしにくい部分だ。

機関部の汚れが故障の最大原因と特定されるまでユージン・ストーナーはM16ライフル向け弾薬の発射薬に市販の火薬を推奨していた。それはIMR（インプルーブド・ミリタリー・ライフル）火薬で、微細な円筒状をしており、燃えかすが出にくい特性を持っていた。価格は粒状火薬よりわずかに高かった。しかし、その差額は、何百万発もの調達となると無視できない金額になる。

陸軍には推奨されていない粒状火薬を装填した相当量の弾薬が残っていた。陸軍のAR-15ライフル性能試験には、空軍が調達した850万発の弾薬が使われた。この弾薬にはIMR火薬が発射薬と

ストックで銃剣格闘訓練用ダミーを殴りつける新兵。Ｍ７銃剣を着剣したＸM16Ｅ1ライフルやM16ライフルの改良型は、いずれも銃剣格闘には適していなかった。軽すぎるうえ堅牢性に欠け、床尾にはゴム製パッドが付いていたからである。M1ライフルとM14ライフルは、M16ライフルより1キログラム強重く、ストックはスチール製だった。2010年、陸軍は銃剣訓練を廃止し、ほかの武器を用いる白兵戦訓練に移行したが、海兵隊は銃剣訓練を継続している。（ポーク基地博物館）

して充塡されており、銃の作動は良好だった。だが、この火薬は薬室圧力が不安定で、初速も安定性に欠けることが判明した。

激しい議論の末、陸軍は粒状火薬の使用に踏み切った。ベトナムで起きた惨事はこの時に運命づけられていたといってよい。

陸軍は粒状火薬に変更する許可をストーナーに求めたが、M16ライフルの産みの親は頑として反対した。理由は「弾薬の変更が

5.56mm M16A1ライフル

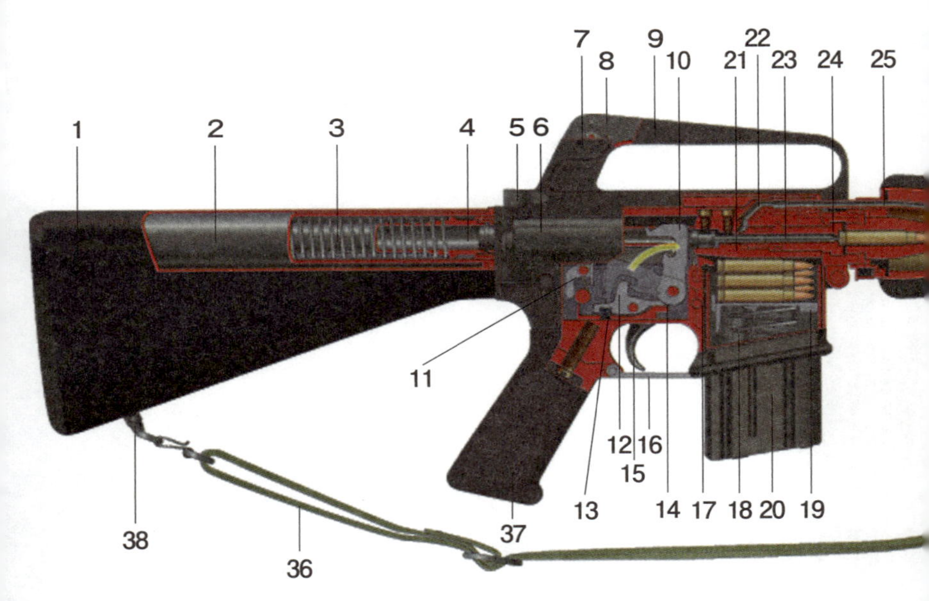

1. ストック（銃床）
2. レシーバー・エクステンション
3. リコイル・スプリング（復座バネ）
4. リコイル・バッファー（反動緩衝器）
5. チャージング・ハンドル（装填ハンドル）
6. ボルト・フォワード・アシスト
7. リア・サイト調節器
8. リア・サイト（照門）
9. キャリング・ハンドル
10. ハンマー（撃鉄）
11. シア（訳注：引き金を引くまで撃鉄を止めておく部品）
12. ディスコネクター（訳注：セミオート〔半自動〕射撃にするためにトリガーをリセットする部品）
13. ディスコネクター・スプリング
14. トリガー・スプリング
15. トリガー（引き金）
16. トリガー・ガード（訳注：防寒手袋をしたままでもトリガーに指をかけられるように下に向けて開くことができる）
17. マガジン・キャッチ・ボタン
18. マガジン・フォロアー・スプリング
19. マガジン・フォロアー・プレート
20. 20連マガジン
21. ボルト・キャリアー
22. ガス・キー

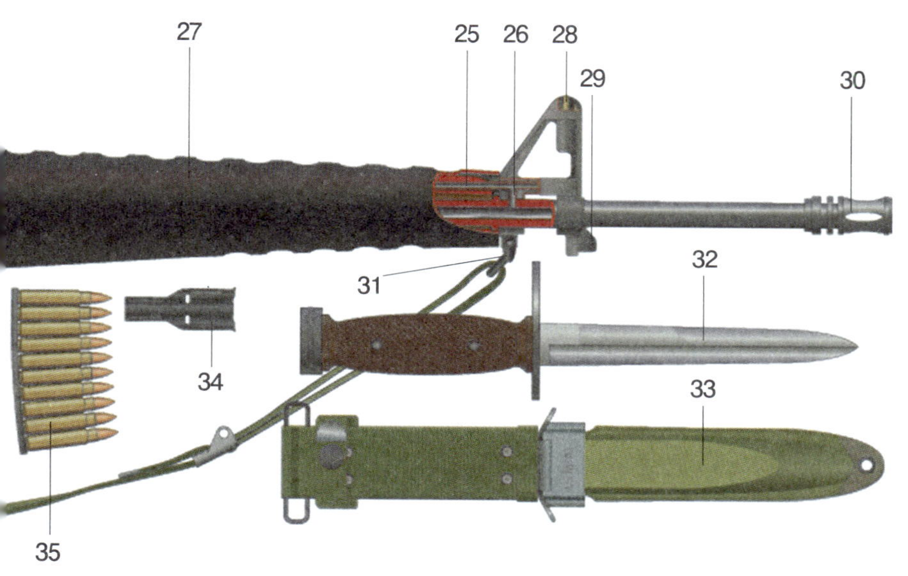

23. ファイアリングピン（撃針）
24. ボルト（遊底）
25. ガス・チューブ
26. ガス・ポート（訳注：銃身から発射ガスを導入する孔）
27. ハンドガード（訳注：初期型のハンドガードは断面が三角形で先端に向かって細くなっている。破損し交換する場合、左右の別があるため調達が面倒だった）
28. フロント・サイト（照星）
29. 着剣装置（訳注：銃剣を取り付ける突起）
30. 消炎器（訳注：図は改良されたバードケージ型）
31. 前部スリング・スイベル（スリング取り付け環）
32. M７銃剣
33. M8A1銃剣鞘
34. マガジン装填クリップ・ガイド（訳注：マガジン上端に装着し、ここにクリップを差し込んで弾薬を押し込む）
35. 5.56mmNATO弾用装弾クリップ（10発）
36. M1スリング
37. ピストル・グリップ（銃把）
38. 後部スリング・スイベル

M16ライフルの性能に影響を与える」からだった。

粒状火薬は多くの汚れを発生させるだけでなく、連射速度を安全上限の850発/分から1000発/分に押し上げる。部品破損や故障が多発したにもかかわらず、コルト社は製品検査に合格するライフルの割合を上げるために陸軍を説得。連射速度の安全上限を900発/分とする一方、テスト射撃にIMR火薬を用いた弾薬を使うことを承諾させた。

ベトナムの戦場では、相変わらず粒状火薬を充塡した弾薬が使われ続けたため、支給された「合格検印」付きM16ライフルの故障は一向に減少しなかった。

マガジンの不具合

戦闘開発実験センターが行なった新品のM16ライフル、M14ライフル、ストーナー63ライフル、鹵獲されたAK-47ライフルの比較試験の結果、酷使されたAK-47ライフルが最も優秀なことが明確に認識された。また、M16ライフルの故障原因が粒状火薬である事実が判明した。

だが、陸軍はこの結論を認めず、より強力なリコイル・スプリングとバッファーを新たに設計する対策を選択した。故障原因の発射薬を変更せず、不適合の弾薬にライフルを適合させようとする愚行だった。XM16E1ライフルの取り扱いマニュアルが1965年1月になってようやく刊行された。

ほかにも問題があった。マガジン上端のふち（マガジン・リップ）が衝撃などで変形したり拡がると、弾薬の装塡ができなくなり、スムーズに作動しなくなる。マガジンの錆を防ぐために過剰に塗られたオイルが内部の弾薬に付着し、べたついて、ほこり、砂、植物の破片などの付着物を招いた。

このような弾薬を過熱したM16ライフルの薬室に装填すると薬室の汚れが増加し、故障の原因になる。故障を減少させるためマガジン内の弾薬からオイルをふき取る指導が行なわれた。ライフルの手荒い取り扱いは戦場で日常茶飯事だ。前述したようにマガジン・リップ部を破損させると、装填不良や二重装填を起こす。

誤ってマガジンに21発の弾薬を装填したり、マガジンの側面がへこんだ場合も同様の故障が起こる。

最初に供給されたマガジンは20発容量だったが、20発の弾薬を装填するとマガジン・フォロアー・スプリングの張力が強くなりすぎて作動不良を起こした。そのため戦場では、ほとんどの兵士が規定の容量から１～２発少ない弾薬をマガジンに装填していた。

派兵前に本国でM16ライフル取り扱い訓練を受けた部隊のほうが、ベトナムで故障に悩まされることが少なかった。戦場と違い、本国での射撃検定や実弾射撃訓練では、訓練後に時間とクリーニング用具をふんだんに使って、ライフルをきれいにしてから武器庫に返納したからだ。この訓練で、兵士たちはライフルをきれいに保つことを習慣づけられた。

陸軍兵器司令部は、1966年10月になってようやく教導チームをベトナムに派遣し、旅団レベルでM16ライフルの取り扱いを教えた。彼らがライフルを検査したところ、大半のM16ライフルは手入れ不足から腐食が進み、汚れが蓄積されていることが判明した。塗布されている潤滑油も量が多すぎたり少なすぎたりすることも判明した。

ベトナムからのある報告では「溶剤、ガソリン、JP-4航空機用ジェット燃料、ディーゼル・エンジン用軽油、自動車エンジン用オイル、LPS潤滑油、WD-40（訳注：市販の浸透性防錆潤滑剤）、ドライ・スライド（訳注：市販の多用途潤滑油）、軍規格全自動火器用潤滑油MIL-L-46000、防虫剤、水など」不適切な代用品が洗浄溶剤や潤滑油として使われていた。WD-40は浸透性の強い潤滑油で、弾薬の雷管部分から内部に浸透し発射薬を侵して不発を生じさせることが当時まだ知られていなかった。

リコイル・スプリングに取り付けられたバッファーには機能しないものが多く発見された。これが部品消耗と通常より高い連射速度の原因になっていた。

1966年末になるとベトナムに派遣される交代要員は、到着後、全員が２時間のM16ライフルの手入れ手順のトレーニングを受けることになった。漫画のようなイラストが多数使用されたM16ライフル整備保守マニュアルが1968年に配布された。

漫画イラストを多用したM16ライフルの手入れマニュアル（US.Army）

文字通りドリル・サージャントの「監督下」で射撃する新兵。これは広報用に演出した写真で、マガジンは挿入されていない。ブートキャンプでは、立ち撃ち、膝撃ち、しゃがみ撃ち、座り撃ち、伏せ撃ちのほかさまざまな依託射撃姿勢（訳注：土嚢などを支えにして射撃する姿勢）をマスターする。この写真は委託伏せ撃ちである。（ポーク基地博物館）

XM148榴弾発射器

M79榴弾発射銃を携行する兵士には、M1911A1拳銃が自衛用武器として支給されていた。これをM16ライフルかM16サブマシンガン・バージョンに交換するか、あるいはXM148榴弾発射器を取り付けたXM16E1ライフルを支給するかが検討された。

最初のXM148榴弾発射器が1966年12月ベトナムに到着したが、ベトナム戦争の全期間を通じてその配備数は限定的だった。

1967年３月、M16ライフルのキャリング・ハンドルに装着できる倍率３倍のコルト/リアリスト社製のスコープ約400個がベトナ

コルト社が設計した40mmXM148榴弾発射器はM16ライフルの銃身下に取り付ける方式。点目標と地域目標を制圧できるうえ、M16ライフルと組み合わせて拳銃より効果的な自衛火器として、肩撃ち式のM79榴弾発射銃と交代するはずであったが、欠陥が露呈しXM203榴弾発射器にその座を奪われた。（Trey Moore）

ムに送られた。このスコープは、M16ライフルを狙撃銃にするためのものではなく、歩兵小隊の選抜射手に使用させることが目的だった。

1967年７月、陸軍はコルト社からM16ライフルの製造権を取得し、コルト社以外のメーカーとの契約締結も可能になった。

1970年、ヨーロッパ駐留アメリカ軍に配備されていたM14ライフルをM16ライフルと換装する決定が下された。1957年に北大西洋条約機構（ＮＡＴＯ）の装備品の標準化協定が批准された際、アメリカは加盟国に圧力をかけ、7.62mm弾薬をNATO標準弾薬として承認させた経緯があった。自ら主張したNATO標準弾薬を新弾薬に変更させるアメリカの態度は物議を醸した。だが、標準

ＸＭ148榴弾発射器を取り付けるため、M16Ａ1ライフルには特別なハンドガードが使われているのが分かる。ベトナムの戦場で試験的に使用され、多くの欠陥が明らかになった。発射器の後端部、マガジン挿入口のすぐ前に見える金属の棒が銃本体の右側に伸びてトリガーにつながっている。（Trey Moore）

化協定がすでに法的に1968年１月失効していた事実はほとんど知られていない。

1967年３月、NATO各国は標準化協定委員会で5.56mm弾をＮＡＴＯ補助標準弾薬として検討する試験の実施に合意した。

アメリカ陸軍は、1968年末の時点で27万5000挺以上のM16ライフルを所有していた。1969年２月、ベトナム軍事援助司令部は、ベトナム共和国正規陸軍に対するM16ライフルの再配備が完了したあと、26万8000挺のM16ライフルを南ベトナム地域義勇軍と人民義勇軍に支給することを要請した。

1969年５月、ベトナム現地調査で新たに以下の点が明らかになった。

1）将兵の25パーセントがいまだに弾薬に潤滑油を塗っている。
2）改良型バッファーへの交換が終了していない。
3）将兵の25パーセント強がベトナム到着時のM16ライフル取り扱いトレーニングを受けていない。残りの兵士の25パーセントが派兵前に本国でのM16ライフル取り扱いトレーニングを受けていない。
4）将兵の10パーセントはM16ライフルの照準の調整・修正をしたことがない。30パーセント将兵は過去3カ月間に照準の再調整・再修正をしていない。
5）20パーセント近くの将兵が所属部隊で試射をしていないと申告した。
6）大半の将兵はライフルを日々クリーニングしているが、マガジンと弾薬は1週間に1回程度しかクリーニングしていない。
7）クリーニング用具の補給が頻繁に途絶える。

M16A1ライフル

1967年1月、XM16E1ライフルはスタンダードAに型分類され、名称が「ライフル. 5.56mm. M16A1」となった。（注：多くの人はM16A1ライフルがM16ライフルに取って代わったと誤解しているが、正しくは陸軍のXM16E1ライフルが発展型のM16A1ライフルに交代した。M16ライフルは空軍の制式小銃としてM16A1ライフル制式化後も継続使用された）

M16A1ライフルが制定されるまでにXM16E1ライフルには多くの改良と修正が加えられ、それが量産型のM16A1ライフルに反映された。結果、M16A1ライフルはXM16E1ライフルとかなり異なるものになった。すでに納入ずみの初期に生産されたXM

ベトナム戦争で使用されたライフルの性能比較
―M16A1ライフル、M14ライフル、中国製56式小銃―

	M16A1	M14	56式
口　径	5.56×45mm	7.62×51mm	7.62×39mm
全　長	762mm	1181mm	872mm
銃身長	508mm	559mm	414mm
本体重量	2.88kg	5.2kg	3.87kg
マガジン	20連箱型	20連箱型	30連湾曲箱型
発射速度	700～800発/分	700～750発/分	600発/分
射撃モード	全・半自動	半自動	全・半自動
銃口初速	990m/秒	850m/秒	710m/秒
有効射程	460m	460m	400m
銃　剣	M７両刃ナイフ	M６両刃ナイフ	折りたたみスパイク
榴弾発射器	使用禁止	M76差し込み式	なし

注：56式小銃は中国で生産されたAK-47/AKM小銃
注：M14ライフルは分隊支援火器として使うモデルは全自動射撃が可能。
一般歩兵用は半自動モード限定仕様で支給された。

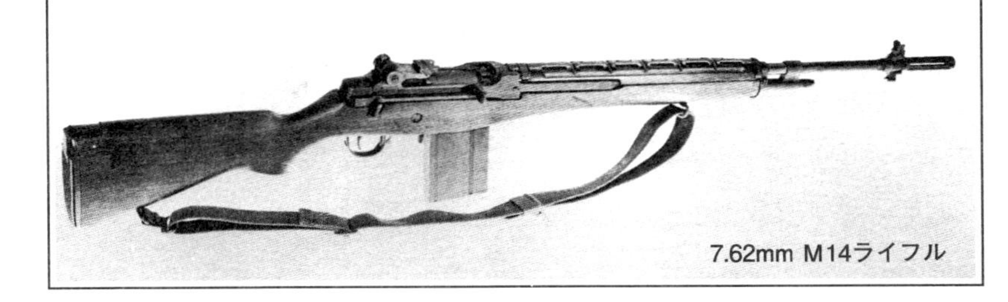
7.62mm M14ライフル

16E1ライフルは、軍の施設で改良部品を組み込んで最新型と同等になるよう改造された。

1967年１月、海兵隊の歩兵および偵察部隊にM16A1ライフルが配備された（注：第１海兵師団第３大隊L中隊は、1967年３月から５月にかけてストーナー63システムのライフル、カービン、マシンガンを性能評価のために使用した。だが故障が頻発したため、M16A1ライフルに交換した）。

ベトナム共和国陸軍空挺部隊とベトナム海兵隊もすべてM16A1ライフルを装備した。

同じころアメリカ本土でのベトナムに派遣される将兵の実弾射撃訓練は、XM16E1ライフルを使用するようになった。少しでも多くのXM16E1ライフルをベトナムに送るため、空軍のM16ライフルを使用する訓練センターもあった。

1967年５月、M16A1ライフルの薬室と撃針にクロームメッキ処理を施すことが認可された。一方、銃身内部へのクロームメッキ処理は認可されなかった。

1967年６月、合計74万2000挺のM16ライフルとM16A1ライフルが追加発注された

1967年７月、ベトナム軍事援助司令部の新任司令官クレイトン・エイブラムス将軍は、ベトナム共和国陸軍へのM２カービン配備を中止し、代わりにM16A1ライフルを支給する決定を下した。

1968年末、新たに２社のM16A1ライフルの生産が認可された。マサチューセッツ州ウースタシャーにあったハリントン&リチャードソン社とミシガン州デトロイトを本拠とするゼネラルモーターズのトランスミッション部門ハイドラ・マチック社だ。両

社は1969年から71年にかけてM16A1ライフルを製造した。

1969年初頭、51万6000挺のM16A1ライフルを南ベトナムに提供する案が承認された。そのほかM16A1ライフルは、ラオス、タイ、韓国、フィリピン、カンボジアにも供与されることになった。1975年までベトナム、カンボジア、ラオス、インドネシア、ヨルダンに対するM16A1ライフルの供与が継続された。

1969年、コルト社で生産されたM16系ライフルの総数が100万挺を超えた。

1970年３月、すべての歩兵訓練センターにM16A1ライフルの配備は完了し、上級歩兵訓練で使用された。一方、基礎戦闘訓練を行なう部隊は、M14ライフルを継続して使用していた。

1970年、陸軍州兵部隊にもM16A1ライフルの支給が開始され、配備は1972年に完了した。

1970年夏、ＮＡＴＯ軍に配属されたアメリカ軍将兵にもM16A1ライフルが支給され始めた。世界各地に展開するアメリカ陸軍と海兵隊にM16A1ライフルを配備することになり、コルト社は新たに74万2000挺を受注した。

1971年、薬室だけでなく銃身内にもクロームメッキを施したM16ライフルが生産され始めた。

1971年、全米ライフル協会は、四軍を対象とした年次射撃大会「ナショナル・マッチ」でM16ライフルとＡＲ-15ライフルの使用を許可した。

SHUMATE

ジャングルでの戦闘（前ページのイラスト）

ベトナム戦争でM16ライフルは広範に使用された。この結果、多くのメディアにM16ライフルが登場し世評の対象になった。どちらかといえばM16ライフルの悪評のほうが名声を上回っていた。故障に悩まされた初期型のＸM16Ｅ1ライフルを除き、M16Ａ1ライフルは、米軍と多くの自由主義諸国軍の制式ライフルに制定され、西側で最も広く使用されたライフルのひとつになった。イラストの伏せ撃ち姿勢の兵は、M16Ａ1ライフルの銃身に「洗濯ばさみ」式のＸM3バイポッド（二脚）を付けている。当時すでにほとんど使われなくなっていたが、射撃を安定させるには便利だった。兵の右足に見える細長いケースはバイポッドとクリーニング・キットをともに収納するためのもの。ヘルメットバンドにM16ライフル用の約60ミリリットル入り潤滑油のボトルを挟んでいる。

左の小隊長は、CAR-15あるいはコルト・コマンドとも呼ばれたＸM177Ｅ2サブマシンガンを携行している。ＸM177Ｅ2サブマシンガンは、陸軍特殊部隊偵察隊の縮小にともない余剰となり、第１騎兵師団（ヘリボーン部隊）の尉官クラスに支給された。ライフルはすぐに使える状態で携行する必要があるが、多くの兵士は、音を発するうえ木々に引っかかりやすい肩掛けベルト（スリング）を取り外していた。この少尉はスリングをスリベル（スリング取り付け環）なしで取り付けている。音がしにくいのでよく使われる方法だった。

M16ライフルの銃身の下方に取り付ける40mm口径M203榴弾発射器は、1968年に実用試験され、翌年に制式化された。1970年には広範に使用されていた。イラスト右上の兵士は、M203榴弾発射器ではなくコルト社のＸM148榴弾発射器を装備したM16A1ライフルで武装している。ＸM148榴弾発射器は部品が破損しやすいうえ、照準が難しく、撃鉄もコックしにくいなど欠点があった。通常、榴弾発射器付きのM16ライフルを持つ兵士は、榴弾発射器が主な武器だったところから、ほかの兵士より携行する小銃弾薬が少なめだった。ベルトに付けた弾薬ポーチ４個に加え、大多数の歩兵はマガジン７個入り弾帯を１～２本携行した。ポーチをまったく使わない者も多かった。

M16A1ライフルの改善点

M16A1ライフルは、XM16E1ライフルに大幅な改良を加えて完成されたが、両者の外見はほとんど変らない。目立たないものの重要な改善点は、コルト社が1968年にレシーバーの材料をNo.6061航空機グレード・アルミニウム合金からNo.7075の超々ジェラルミンに変更したことだ。素材変更は高温多湿な気候と発汗による影響を受けにくくするためだった。より耐久性を高めるための素材変更は、現在も続けられている。

1964年から67年にかけて無数の改良や修正が加えられた。これらの改修はXM16E1ライフルやM16A1ライフルに反映され組み込まれた。部品の改良は、M16A1ライフルが耐用年数に達するまで続いたので、新・旧部品を取り混ぜたライフルが出荷された時期もある。部隊や補給廠レベルでの修理や改修で部分的に新部品が組み込まれたため、同様の状況は戦場でも見られた。

1966年にバードケージ型消炎器と反動を軽減する新型バッファーが認可された。1968年から69年にかけて大半のXM16E1ライフルは、新型のボルト・キャリアーとバードケージ型の消炎器に改修された。初期に製造されたM16A1ライフルの中には、尖った旧タイプの消炎器をそのままにしたものも残っていた。

1965年までに製造されたボルトとボルト・キャリアーはクロームメッキ処理されていた。1966年から67年にかけては、クロームメッキかパーカライジングのどちらかが施された。1967年以降はパーカライジング処理だけになった。そのほか改良された主な部品は、撃針、撃針保持ピン、全・半自動切り替えレバーとピン、マガジン取り出しボタンの周囲に囲いを追加した下部レシーバーなどだ。

1966年から68年までに製造されたものは、銃身内にクロームメッキ処理が施されていなかった。1969年から71年までの期間は、薬室のみにニッケル・メッキが施された。1971年以降は、薬室だけでなく銃身内部のすべてにニッケル・メッキ処理が施されるようになった。

1970年にストックが改良され、後端にクリーニング・キット収納スペースが設けられ、ストック内部の充填材が強化された。

海軍は特殊戦部隊シールズ用にM16A1ライフルを採用、「ライフル. 5.56mm. Mk4Mod 0」と型式分類した。このライフルには、Mk2Mod0（HEL M4A）サウンド・サプレッサーが装着されていた。海洋で使用されることを前提としているため、表面に海水で腐食しにくいグレーのカルガード・ガンコートと呼ばれる防錆処理が施されている。ストックのバッファー収容スペースには水抜きの孔が空けられ、バッファーに防水リングが追加された。1970年4月に水深60メートルまで沈める耐水圧試験が行なわれた結果、機能に異常を生じないことが証明された。

これらのほかに発射機能を取り除き射撃できなくしたM16A1ライフルや、使い古しの銃身が取り付けられた実銃と同じ重さのゴム製ダミー・ライフルが、儀仗や降下訓練用に製作された。

XM177シリーズ・サブマシンガン

1964年、コルト社は、銃身長の短いCAR-15（コルト・オートマチック・ライフル15）カービンとさらに短いサブマシンガン・バージョンの開発に着手した。完成されたこれらの短縮型には、コルト社でM610、M609の社内カタログ・ナンバーが付けられた。これがのちに「コルト・コマンド」や「ショーティ16」などと呼ばれるようになった軍用ライフルだ。

陸軍では、1967年1月、CAR-15を「サブマシンガン. 5.56mm. XM177」および「サブマシンガン. 5.56mm. XM177E1」と型式分類して採用し、最初の製品が1967年3月までに支給された。

空軍もこの短縮型を採用、空軍版のXM177サブマシンガンは、空軍内でGAU-5/Aサブマシンガンと名付けられた。陸軍のXM177E1サブマシンガンと異なりボルト・フォワード・アシストを組み込んでいない。

陸軍のXM177サブマシンガン、空軍のGAU-5/Aサブマシンガンともに254ミリの銃身を採用していた。

1967年4月、銃身を38.1ミリ延長した新型が登場した。コルト社の社内カタログ・ナンバーはM629、陸軍でXM177E2サブマシンガンと型式分類された。XM177E2サブマシンガンは、旧型に比べ発射時に銃口から噴出するガスと火炎が軽減されている。さらにXM149榴弾発射器も装着できるようになった。

XM177E2サブマシンガンの諸元

口径	5.56×45mm
全長	754mm（銃床短縮時）／838mm（銃床伸長時）
銃身長	292mm／381mm（マズルブレーキを含んだ場合）
重量	2.76kg（マガジンなし）
マガジン	20連箱型（30連湾曲箱型は当時入手困難）
発射速度	650～900発/分
銃口初速	844m/秒
有効射程	350m

XM177E2サブマシンガンは、陸軍特殊部隊偵察隊や海軍特殊戦部隊シールズなどに支給された。のちにベトナムに駐留する歩兵中隊の尉官クラス、K9（軍用犬）捜索チーム、陸軍レンジャー長距離偵察中隊などにも支給されるようになったが、これらは限定的で一般歩兵のM16A1ライフルに取って代わったわけではない。XM177E2サブマシンガンの生産は1970年に終了した。

XM177E2サブマシンガンの空軍バージョンは、コルト社の社内カタログ・ナンバーM630と同一の製品で、ボルト・フォワード・アシストはない。空軍は、GAU-5サブマシンガンの性能向上のための改良を加えた。この改良型は、空軍内でGAU-5/Aサブマシンガンと GAU-5/Bサブマシンガンと名付けられた。

1980年代、アメリカ軍にM855普通弾（訳注：ベルギーFNハースタル社が開発したSS109弾薬に準じ、貫通性能が向上した新型弾薬）が導入された。この弾薬にあわせてライフリング転度「1-7」（訳注：7インチで1回転する銃身内のライフリング）の銃身と交換し、消炎器をバードケージ型に改修した。改修近代化モデルは、GUU-5/Pサブマシンガンと呼ばれる。この型式名は「小火器その他の個人装備」を意味する。

XM177サブマシンガン・シリーズは、単にM16ライフルの銃身を短くし伸縮式のストックを採用しただけではない。XM177サブマシンガン・シリーズは、銃身とガス・チューブが短くなったため、銃を作動させる十分な発射ガス圧が得られなくなってしまった。さらに銃身を短くしたことから、銃口から噴き出す発射ガス、発射炎、銃声　加えて反動がいずれも増大した。さらに銃そのもののバランスも悪くなった。

これらの不具合に対処するため、特別な銃口アタッチメントが

第１特殊作戦航空団の本拠地フロリダ州ハルバート飛行場でGAU-5/A/Aサブマシンガンを構えるコンバット・コントロール・チーム（訳注：空軍の特殊部隊で航空管制、火力支援、指揮統制通信などを行なう）要員。GAU-5/A/AサブマシンガンはＸＭ177E2ライフルの空軍版だが、ボルト・フォワード・アシストが付いていない。GAU-5/A/Bサブマシンガンでは薬莢排出孔のうしろにボルト・フォワード・アシストが追加された。（USAF）

開発された。これは約108ミリの鋼鉄製シリンダー状の部品で、先端に消炎用の細長い孔が切られている。内部に設けられた仕切りが発射ガスを分散し、発射ガスのスピードを低下させて銃声を小さくする構造になっている。

本格的なサイレンサー（銃声減音器）と異なり、内部にバッフル（減音板）も吸音材も組み込まれていない。にもかかわらず米政府は、このアタッチメントを「サウンド・サプレッサー（銃声抑制器）」に分類した。確かに銃声を減少させるが、その効果は、通常銃身のM16A1ライフルの銃声と同じ程度になるだけだ。構造上、内部の仕切りを掃除することができないため、使い続けると減音効果は徐々に低下する。

XM177E2サブマシンガンは、銃身が短く、銃口初速が遅くなり、照門（リア・サイト）と照星（フロント・サイト）間の照準線距離が短くなった。その結果、命中精度はM16ライフルより劣っていた。銃口アタッチメントを加えたことで、命中精度はさらに悪化した。

XM177E2サブマシンガンの上部レシーバーと下部レシーバーの各本体部分は、M16A1ライフルと同一だ。安全装置やマガジン取り出しボタンなどの配置、その作動方法もM16A1ライフルと変わらない。銃身長は、M16A1ライフルの508ミリに対し、XM177E2サブマシンガンは292.1ミリと短く、薬室はクロームメッキされている。ハンドガードは、M16A1ライフルの断面が三角形のものから、断面が円形で上下二分割の短いものに改められた。ハンドガードは、左右が同形のため、補給管理が容易になり兵站の負担が軽くなった。利点の多い円形ハンドガードは、M16A2ライフルでも採用されることになる。

XM177E2サブマシンガンの伸縮式のストック内部にM16ライフルのものより短いバッファーが収められている。フロント・サイト・フレーム下部にスリング・スイベルを装備しているが、銃剣を装着する着剣突起は付いていない。銃口アタッチメントが加えられたため、ロケット型ライフル榴弾を銃口に装着して発射することはできない。伸縮式ストックは、床尾上部にスリングを通すためのスロット（開口部）があり、伸縮をロックするラッチが前部下面にある。

XM177E2サブマシンガンは30連マガジン7個とともに支給されることになっていた。だが開発上の問題からマガジンの量産が遅れ、30連マガジンはベトナム戦争中ほとんど供給されなかった。

40mm榴弾発射器

M16ライフルには40mm口径の榴弾発射器を装着できる。榴弾発射器によって分隊（訳注：通常、分隊長を含め11人）の戦闘能力は格段に向上した。40mm榴弾発射器は、分隊の3分の1の火力に相当するとされる。

1960年に制式となったM79グレネード・ランチャーは、肩付して射撃するライフルに似た外観のスタンドアローン（独立型）の40mm口径榴弾発射銃で、ベトナム戦争を象徴する武器のひとつになった。陸軍は各ライフル分隊に2挺、海兵隊は各分隊に1挺配備した。

M79榴弾発射銃は、発射音から「サンパー」のニックネームがつけられた（訳注：サンパーは「ドン」という大音響を発するものの意味）。この火力は誰もが認めるところだった。榴弾兵はライフルを携帯できないため、自衛用に拳銃を支給されていた。こ

M79グレネード・ランチャー（榴弾発射銃）。中折れのメカニズムがよくわかる。40mm榴弾を銃身後部から装填。単発式のため構造が単純で故障が少なく、兵士の信頼は高かった。（U.S.Army）

れは、点目標を狙撃するライフルが１個分隊あたり１〜２挺少なくなることを意味した。この弱点をカバーするため、M16ライフルの銃身の下に装着可能な40mm榴弾発射器の開発が1960年代半ばに始められた。

まずコルト社のＸM148 40mm榴弾発射器が限定的実用試験のため1967年にベトナムに送られた。しかしこの発射器は、構造面の欠陥と安全性の欠如に悩まされた。重大な欠陥は、発射の際、銃身が榴弾とともに前方に飛び出してしまう事故を起こしたことだった。このほかにも照準器の不具合、複雑で壊れやすいトリガーの構造、撃鉄をコックするのに13キログラム強の力を必要とするなどの問題があった。故障が続出したためシンプルな構造のM79榴弾発射銃の再支給を要請する部隊もあった。

武器メーカーのＡＡＩ社は、1967年にM16ライフルの銃身下方に装着させるＸM203榴弾発射器の研究開発を始めた。1969年４

月、500セットのM203榴弾発射器が、第１歩兵師団、第４歩兵師団、第25歩兵師団、第101空挺師団、第11機甲連隊に実用試験のために配備された。1969年８月、ＸM203榴弾発射器が選定され、M203榴弾発射器の制式名が与えられた。

1971年、ＡＡＩ社に遅れてコルト社の40mm口径ＸM148榴弾発射器の生産が開始された。40mm口径のＸM148榴弾発射器が使用されたのは、1972年８月、最後の戦闘部隊がベトナムから撤退するまでの限られた期間だった（訳注：ベトナム戦争の終結は1975年４月30日のサイゴン〔現ホーチミン市〕陥落時）。

M203榴弾発射器（軍内でツー・オー・スリーと呼称される）が供給されると、陸軍は榴弾発射器２挺を各分隊に配備し、他方、海兵隊は榴弾発射器３挺を各分隊に配備した。この配備数は現在も変わっていない。

M203榴弾発射器は、M16ライフル、M16Ａ1ライフル、M16Ａ２ライフル、M16Ａ３ライフル、M16Ａ４ライフルのハンドガードを専用のものに変換することで装着できる。Ｍ４カービンとＭ4Ａ1カービンはこの改修をしなくても前部の装着突起に取り付けられる。改良型のM203Ａ1榴弾発射器は、Ｍ４カービンおよびＭ4Ａ1カービンに迅速に装着できるアダプターが追加された。

M203Ａ2榴弾発射器は、M16Ａ4モジュール・カービンのピカティニー・レール（訳注：各種スコープやライトなどを取り付けるためのレール）に直接取り付ける。M203榴弾発射器、M203Ａ1榴弾発射器、M203Ａ2榴弾発射器は、いずれも銃身長約305ミリ、重量が1.36キログラムだ。M203Ａ1 榴弾発射器の銃身は短く、約229ミリだとされることがあるが正しくない。この短銃身モデルは、近接戦用に銃身を短くするよう要求した特殊部隊向け

M16A1ライフルに装着したM203榴弾発射器を構える榴弾手。右手でマガジンを保持しながらライフル機関部前部に位置する引き金を引く。(U.S.Army)

の特注で、M4A1榴弾発射器 特殊部隊専用改良（SOPMOD）キットと呼ばれている。

M203榴弾発射器をM16ライフル・シリーズのライフルに取り付ける作業は各部隊の兵器係が対応した。M4カービンへの装着は、直接支援整備中隊レベルで行なう必要があった。

M203榴弾発射器は、点目標に対し射程150メートル、地域目標に対し射程350メートルだ。短銃身のSOPMODの射程はこれよりやや短い。発射される榴弾は、発射後、射手に危険が及ばない距離で信管の安全装置を解除する必要から、最小射程は14〜27メートル。発射速度は1分あたり5〜7発とされている。

弾頭の種類は、高性能炸裂弾榴弾（HE）、対人用榴弾と対戦車成型炸薬機能を備えた多目的榴弾（HEDP）、バックショット（大粒散弾）を装填した散弾、矢のようなフレシェットを装填し

M4カービンに装着されたM320モジュール式榴弾発射器。昼・夜間照準器と射撃コントロール装置は左側のレールに取り付けてある。原型はドイツのH&K社製のAG36榴弾発射器で、過去40年間使われてきたM203榴弾発射器といずれは交代する。(US Army)

たもの、非致死性の催涙ガス弾や暴動鎮圧用スラッグ弾、さまざまな色の煙幕弾と信号弾がある。

M203榴弾発射器の後継機が、40mm口径M320モジュール式榴弾発射器（GLM）で、2008年に制式となった。配備は2009年半ばから始められた。

40mm口径M320モジュール式榴弾発射器（GLM）は、ドイツのH＆K（ヘッケラー＆コッホ）社が開発したＡＧ36榴弾発射器を原型として開発された。銃身長約280ミリ、重量約1.5キログラムだ。この発射器に重さ約0.45キログラムの伸縮式ストックを取り付けると、単体で使える榴弾銃になる。

射程や発射速度はM203榴弾発射器と変らないが、大幅に改善された昼・夜間照準器や携帯レーザー距離計などを装備し、従来の発射器より使いやすい。弾薬の全長が大きな特殊用途弾薬を容易に装填できるよう、弾薬を装填するときに銃身を左側にスイングさせて開く構造になっている。

マレーシア海兵隊員らはM16A1ライフルとオーストリア製の5.56mm口径ＡＵＧライフルを併用している。先頭の兵はM203榴弾発射器付きM16A1ライフルを持っている。M16A1ライフルはアジア諸国で広く使用されている。（US Navy）

第2章
ベトナム戦後のM16

ベトナム戦後、M16の生産激減

1975年4月30日、南ベトナムの首都サイゴン（現ホーチミン）が陥落、ベトナム戦争が終結した。ベトナムに残された94万6000挺を超えるM16シリーズ・ライフルが共産軍の手に渡った。これらのライフルは、社会主義勢力が後ろ盾になった世界各地の反乱やテロ組織に1980年代を通じて供与され、使用された。

ベトナム戦争後、チリ、ガーナ、ニカラグア、ザイール（現コンゴ）などからの軍用M16ライフルの発注は、いずれも数千挺にとどまり生産が激減した。この結果、コルト社は経営難に直面した。

1975年、6万4000挺のM16A1ライフルがタイ軍に供与され、同年6月、韓国の大宇（デーウ）社のM16A1ライフル工場が操業を開始した。これに先だつ1973年、M16S1ライフルと名付けられたシンガポール版M16A1ライフルの生産が始まった。これらの製品は、フィリピンとタイに輸出され、のちにフィリピンのエリスコ社でもM613Pライフルとして製造された。

ベトナム戦争後、アメリカ陸軍の再編が始まり、1976年から77年にかけて、アメリカ国内でのM16ライフルの生産はわずかながら増大した。1970年代の半ばになると新型の30連マガジンも普及した。

しかし、M16A1ライフルを構成する部品のうち、コルト社が自社工場で製造していた部品はわずか12個にすぎなかった。残りの部品は、コルト・カナダ社やアーマライト社をはじめとする70あまりの下請け業者が製造し、これらの部品をコルト社が組み立て完成品とした。台湾はT65ライフルと名付けたM16ライフルの派生型を1976年から生産している。

アメリカ陸軍は、1972年になってようやくM16ライフルと同一口径の5.56mm弾薬を使用する分隊支援火器の必要性を公式に認めた。海兵隊は、銃身を肉厚のものにしたM16オートマチック・ライフル（ＨＢＡＲ）を、分隊支援火器の候補として性能試験を行なったが、銃身が過熱して連続射撃ができない欠点が明らかになり、1977年に性能試験は中止された。

米陸軍は、分隊支援火器候補選びを継続し、ＦＮ社（ベルギー）が設計した5.56mm口径ミニミ・ライト・マシンガンも候補のひとつだった。性能試験時の米軍名称はＸM249ライト・マシンガンとされた。

ＸM249ライト・マシンガンはベルト給弾に加え、M16ライフルのマガジンを装着して給弾することも可能だった。1982年２月、ＸM249ライト・マシンガンは、陸軍と海兵隊が選定し、制式兵器に加えられた。

ところが当初、配備はなかなか進まず、1985年に設計上の欠陥が発見され、M249A1ライト・マシンガンの生産は一時中断した。翌1986年、改良を加えたうえで生産を再開した。

1990年に湾岸戦争が勃発すると、多くの部隊にM249A1ライト・マシンガンが5.56mm 分隊支援火器（ＳＡＷ）として支給された。M249A1ライト・マシンガンは、1994年に5.56mm口径ＳＡＷとして型式分類された。

1960年代半ばにブローニング・オートマチック・ライフル（ＢＡＲ）が退役して以来、ようやく分隊に分隊支援火器が戻ってきた。

歩兵戦闘車用M231ライフル

M16A1ライフルの派生型M231FPW（ファイアリング・ポート・ウェポン）は、イリノイ州ロック・アイランド陸軍工廠で開発された。M２ブラッドレー歩兵戦闘車の車体側面の銃眼（ファイアリング・ポート）から射撃する特殊ライフルとして1978年に制定された。このM231FPWは、ベースとなったM16ライフルの部品のうち65パーセントが共通するが、内部のメカニズムは改造され、若干異なる。

M231FPWは、M２ブラッドレー歩兵戦闘車の両側面と後部に各２カ所ずつある銃眼に装着して使用された。M196曳光弾のみを装塡して、全自動射撃しながら狙いをつけるため、フロント・サイトはない。下車した歩兵がM16A2ライフルやM16A４ライフルで戦闘する場合、マガジンに装塡した普通弾をそのまま使用した。

M231FPWはオープン・ボルトで全自動射撃モードで射撃する。諸元の上では連射速度は1200発／分とされているが、短い連射（バースト）を繰り返すようにして射撃を行ない、実質的な連射速度は50〜60発／分程度になる。

M２ブラッドレー歩兵戦闘車の車体側面の銃眼は対戦車兵器からの防御を向上させるため、その後廃止され、現在、残されているのは後部の２カ所だけになっている。

開発当初M231FPWは、緊急時に車外でも使用できるよう、伸縮式のワイヤー・ストック（細い金属製の銃床）を装備することになっていたが、実現しなかった。そのため、M231FPWを両手で保持し射撃しても、銃身が跳ね上がって狙いが定まらず、無駄に弾をまき散らすだけだった。

M231FPWの諸元

口径	5.56×45mm
全長	724mm
銃身長	396mm
重量（マガジンなし）	3.3kg
マガジン	30連湾曲箱型
発射速度	1200発/分
射撃モード	全自動射撃のみ
銃口初速	914m/秒
有効射程	300m

ベトナム戦争後のM16ライフル／M4カービン

軍 名 称	ユーザー	コルト社名称	生産期間
M16A2ライフル	陸軍/海兵隊	M645	1984～96年
M16A3ライフル	海軍	M646	1996～97年、その後生産再開
M16A4ライフル	陸軍/海兵隊	M945	1996～現在
Mk12Mod0/1	陸軍/海軍		2000～06年頃
M4カービン	全軍	M920	1987～現在
M4A1カービン	全軍	M921	1987～現在

また、射撃後に過熱した銃眼アダプターを素手でさわるとやけどし、射撃時の銃声も聴覚にダメージを与えるほど大きかった。

「M16A1ライフル改良プログラム」

1980年代に入り、ソ連の脅威に対抗するためアメリカ軍の戦力が増強されたことと、多くの友好国にM16ライフルが供与されたことで、M16の生産量は増加した。

1980年、ベルギーのFN社が設計した5.56mm口径のSS-109普通弾とSS-110曳光弾が、NATOの標準弾薬に制定された。アメリカ軍は、SS-109普通弾にM855、SS-110曳光弾にM856の制式名を与えて採用した。

重い弾丸を安定して飛翔させるためにはライフリング転度を変更する必要がある。そのための改良では、銃身のライフリング転度が、M16A1ライフルの12インチで1回転（1-12）するものから7インチで1回転（1-7）するものに変更された。また、より肉厚の銃身に変更され、ハンドガード、ピストル・グリップ、ストック、サイトにも改良が加えられた。

さらに左利き射手の安全確保のため、排出される薬莢が顔面を直撃しないよう、上部レシーバー右側面の排莢孔後方に、薬莢をそらせる突起が追加装備された。

これらの改良は「M16A1ライフル改良プログラム」として知られ、改修されたライフルは1981年、M16A1E1ライフルの名称で制式となった。

1980年10月、M16A1ライフル用の5.56mm口径30連マガジンが、NATO標準マガジンに選定され、STANNAG4179と呼ばれるようになった（訳注：加盟国軍のライフルに共通使用できる標準マガジン）。

ＮＡＴＯ標準マガジンは、M16ライフルのマガジンをベースにしており、外形寸法とマガジン・キャッチの形状と位置のみがＮＡＴＯで規格化された。使用素材は規定されていなかったため、このマガジンは、生産国やメーカーによって金属製、ポリウレタン製のほか多くの材質のものがある。

基本的には30連箱型マガジンがスダンダードだが、このほかにも20連箱型、40連箱型に加え、90連および100連のドラム・マガジンもある。

ＮＡＴＯ加盟国が使用する5.56mm口径のライフルは多種多様だが、その多くにＮＡＴＯスタンダード・マガジンが共通して使える。近年登場した5.56mm口径の新型軍用向けライフルは、その多くがNATOスタンダード・マガジン対応で設計されているからだ。これらのマガジンを使えるよう改修を加えたライフルもあるが、構造上改修が加えられず独自のマガジンを使用する外国製ライフルも残っている。

ＮＡＴＯスタンダード・マガジンを使用できるライフルは派生型も含めて40種類を超えている。

M16A1ライフルからM16A2ライフルへ

1978年、アメリカ陸軍と海兵隊はM16A1ライフルの改良について協議を始めた。陸軍は改良プロジェクトを先送りにしたため、部隊に配備されたM16A1ライフルは長期間使用されたことで摩耗などで老朽化していた。新型のＮＡＴＯ標準5.56mm弾薬に対応させるためには、従来と異なるライフリング転度の銃身と交換しなければならず、M16A1ライフルには数多くの改修を加える必要があった。

海兵隊は1980年代半ばに改良プロジェクトを検討し、独自の改良を開始した。

コルト社は1967年以来、契約の更新を続けてM16A1ライフルの生産を続けていた。だが、受注の減少や労使紛争、訴訟問題などで1980年代に再び経営不振に陥った。それでも1981年11月、評価試験用のM16A1E1ライフル50挺が陸軍と海兵隊に納入され、評価試験は成功裏に終わった。

1983年11月、陸軍と海兵隊はM16A1E1ライフルをスタンダードAに認定し、「ライフル. 5.56mm. M16A2」と型式分類した。

1983年２月の評価試験で、M16A1E1ライフルは19の要求事項の中で11項目が合格、５項目が部分的に合格、３項目が不合格だった。これらの問題点はM16A2ライフルとして本格的な生産が開始される前に解決された。

M16A2ライフルには、弾薬の無駄な消費を減少させ、同時に命中精度を向上させるために３発分射機構（全自動射撃を３発で止めるバースト機能）が追加されていた。

1984年１月、海兵隊射撃訓練部隊に最初のM16A2ライフルが配備されると、３発分射機構に関する不具合が報告された。半自動射撃を行なうと、引き金の抗力（訳注：撃発するために引き金を引く圧力）が一定でないというものだった。

1984年初め、M16A2ライフル改良プログラムがスタートし、改良型はM16A2E1ライフルと名付けられた。この改良型は、上部レシーバーと一体成型だったキャリング・ハンドルを着脱できるように改められた。キャリング・ハンドルを外したレシーバー上部のレールには、暗視スコープや光学照準器が装着できるようになった。

同じ頃、カナダのオンタリオ州キッチンナーに本拠を置くダイマコ社（2005年に買収されコルト・カナダ社となる）が、カナダ版のM16A2ライフルとしてＣ７ライフル、その派生型のＣ８カービンの生産を始めた（買収後コルト社の社内カタログ名称はM711とM725）。

Ｃ７ライフルとＣ８カービンは、M16A1ライフル同様に全自動・半自動射撃モードで、３発分射機構を組み込んでおらず、リア・サイトとストックもM16A1ライフルと同型だった。カナダ、デンマーク、オランダ、ノルウェーがこれらライフルを購入して軍に配備した。

発展改良型としてC7A1ライフルと伸縮式ストックを採用したC7A2ライフルが製作された。同じく発展型のC8A1カービンは、上部レシーバーからキャリング・ハンドルを取り去り、レシーバー上のレールに光学照準器を取り付けることができた。このレールの採用は、アメリカがピカティニー・レールを採用するより早い時期に行なわれていた。

1985年、陸軍は評価試験向けにM16A2E1ライフルを発注した。1985年から86年にかけ、陸軍と海兵隊向けに21万7000挺のM16A2ライフルが発注された。陸軍では1986年に配備が始まった。

サウスカロライナ州コロンビアを本拠とするＦＮ ＵＳＡ社（ＦＮＭＩ社）は、1980年代初頭から7.62mm口径 M240マシンガン（FN MAGマシンガン）をM60マシンガンの代替として生産していた。ＦＮＵＳＡ社は、1988年９月に巨額のM16A2ライフル製造契約を陸軍から受注したが、コルト社はこの契約に激しく反発

した。

1989年１月、連邦財産の維持管理を行なう一般調達局はこのクレームを却下。代わりにコルト社は、対外有償軍事援助用のM16A1ライフルとM203榴弾発射器の生産と、2000年代まで現役で使用される予定のM16A1ライフルの交換部品の生産を継続することになった。

1989年後半、空軍と沿岸警備隊のM16ライフルとM16A1ライ

Ｍ４カービン（手前）とＭ16Ａ2ライフルで射撃訓練中の海兵隊員たち。2003年、アフリカ唯一の米軍施設であるルモニエ基地での撮影。Ｍ４のキャリング・ハンドルが着脱式であるのに対し、Ｍ16Ａ2ライフルのものは一体型であることに注意。(USMC)

フルをM16A2ライフル規格に改修する作業が始まり、改修作業が2000年代まで続けられた。改修キットは、新たに製造された上部レシーバー（銃身、丸形ハンドガード、ガス・チューブ、照準器を含む）とストック、ピストル・グリップ、３発分射機構で構成されている。

陸軍と海兵隊はM16A1ライフルを改修するより、M16A2ライフルの新規調達を選択した。新たに製造されたM16A2ライフルと、改修キットを用いたM16A1ライフルの違いは、改修型に強化型ピボット・ピンと下部レシーバー・エクステンション（訳注：バッファーとリコイル・スプリングを収納するチューブ）が使われていない点だけだった。下部レシーバーのAUTO（全自動）の刻印に代わってBURST（３発分射）の刻印が、モデル名のＡ１に代わりＡ２の刻印が入れられた。

M16A2ライフルは、1970年代にコルト社などが考案した多くの改善点が組み込まれ、M16A1ライフルと明確に区別できる。銃身は新型弾薬に対応させて7インチで1回転する（1-7）のライフリング転度となり、ハンドガードから先の露出した部分が肉厚で太い。これは落下傘降下などの衝撃で銃身が曲がるのを防ぐためだった。肉厚にしたことで銃身の過熱が軽減され、命中精度を向上させる副次的な効果もあった。

銃身の先端に付いているバードケージ型の消炎器は、伏せ撃ちの際に地面のほこりを舞い上げないようガス抜きのスロット（穴）が上方に5つ開けられて下部にはない。

新型フロント・サイトは、下部が四角柱で、回転させて高さを調節し着弾の上下を調整する。ダイヤル調整方式のリア・サイトは、300〜800メートルの範囲で、M16A1ライフルより細かく上下調整できる（訳注：リア・サイトは着弾の左右の調節も可能）。

上下に二分割された丸形ハンドガードは左右同型で互換性があり、内側に着脱式の熱シールドを備えている。M16A1ライフルの三角形のハンドガードより細く、女性兵士にも握りやすい。

バネでハンドガートを保持するリングは、分解・結合を容易にするため角度を持たせたタイプになり、ボルト・フォワード・アシスト押し込み部の形状も楕円形から円形に変更された。

ピストル・グリップは、より握りやすい形に改良され、滑り止めのチェッカリングが追加され、底部も閉鎖式に変更された。

ストックは、長さが16ミリ延長され、従来のものに比べて10倍の強度を備えたデュポン社製のガラス繊維ポリマーが内部に充填された。

改良型バット・プレート（床尾板）のクリーニング・キット収納口にトラップドアの蓋が装着された。

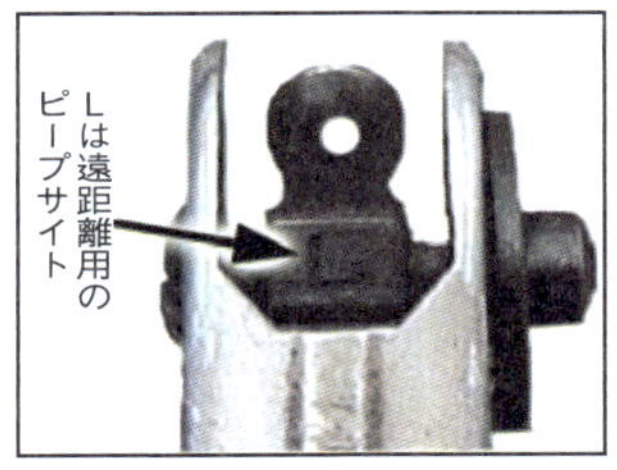

M16A1ライフルのリア・サイト

M16A2ライフルのリア・サイト。上が左右調節ダイヤル。下が上下調節ダイヤル。

上部レシーバーの排莢孔の後方にレシーバーと一体成型されたカートリッジ・ディフレクター（薬莢をそらせる突起）が追加され、左利き射手もより安全に射撃できるようになった。

M16A1ライフルとM16A2ライフルの最大の変更点は射撃モードにある。従来は、安全、半自動、全自動の切り替えだったが、新型のM16A2ライフルは、下部レシーバーに装備された射撃モード・セレクターで、安全（SAFE）、半自動（SEMI）、3発分射（BURST）の切り替えとなった。

M16A2ライフル以降のモデルは、レシーバー左側面だけでなく右側面にも射撃モード刻印が打たれ、セレクター・ピンに記された矢印で左利き射手もモード確認が容易になった。

3発分射（バースト）モードにすると、全自動で3発撃ったあとに停止する。従来の全自動射撃では弾薬を浪費する兵士が多く、無駄な弾薬消費を減少させるためにこの機能は有効だった。テストの結果、3発分射のほうが弾薬節約と命中精度で効果があることが明らかになった。

３発分射機構には、設計上の欠陥も指摘されている。３発連射のサイクルが完了する前に引き金をゆるめるとリセットされない。２発目を射撃した状態で引き金を戻し、再び引き金を引くと、３発連射できず、その前の射撃で残った１発だけが発射される。

３発分射機構に関するもうひとつの指摘は、これを組み込むと半自動射撃モードのトリガー・プル（引き金を引くのに要する重さ）が不安定になる点だ。トリガープルには、最大2.7キログラム強の差が出るという。特殊部隊は任務の性質上、接近戦や掃討作戦、優勢な敵との接触を断つ「バナナ・ピール」（141ページ参照）と呼ばれる戦闘行動が要求されるため、射撃モードとして３発分射より全自動射撃を多用する機会が多い。

M16A2ライフルは、数々の改良が加えられた結果、M16A1ライフルに比べ約0.6キログラムの重量増となった。

M16A3ライフル

M16ライフルは、短距離用と長距離用の２段に切り替えられるＬ型のフリップ・タイプ・リア・サイト（照門）が装備されている。照門の円孔が短距離用は直径が小さすぎ、長距離用は直径が大きすぎると指摘された。

また、Ｌ型フリップ・タイプの照門は、長・短を切り替えると照門部が厳密に同一位置にならず、わずかに着弾点がずれる。

遠距離の目標を狙撃する必要があったアフガニスタンでの戦闘は例外だが、ほとんどの戦場で300メートルを超える交戦はほとんどなかった。そのため短距離用リア・サイトよりさらに短い距離の銃撃戦に対応させたサイトが不可欠だと感じる兵も多かった。大半の兵士は短距離用サイトを選択し、変更することなく、すべての戦闘で使用した。

特殊部隊の想定する戦闘には全自動射撃モードが必要だったので、海軍がコルト社のスポンサーとなりM16A2E3ライフルを開発させた。このライフルは、M16A2ライフルと外見は変わらないが、3発分射モードの代わりに全自動射撃モードが組み込まれている。

1992年、海軍特殊戦部隊シールズにM16A2E3ライフルの配備が始められた。1996年、M16A2E3ライフルは、「ライフル.

M16A2・M16A3・M16A4ライフルの諸元

口　径	5.56×45mm
全　長	1006mm
銃身長	508mm
重量（マガジンなし）	3.5kg（M16A2、M16A3）
	4.11kg（M16A4）
マガジン	30連湾曲箱型
発射速度	700〜900発/分（M16A2、M16A3）
	800発/分（M16A4）
射撃モード	半自動および3発分射（M16A2、M16A4）
	半自動および全自動（M16A3）
銃口初速	945m/秒
有効射程	500m

1989年パナマ「ジャスト・コーズ（正義）」作戦

「ジャスト・コーズ（正義）」作戦中、パナマ・シティー近郊のライハン地区での掃討戦には、海兵隊大西洋保安大隊、艦隊テロ対策中隊第1小隊が参加した。この部隊はＳＷＡＴ（警察特殊部隊）と同様の訓練を受けており、その戦術と装備は市街の建物に潜む敵兵を排除するのに有効だった。

M16A2ライフルは1980年代半ばから海兵隊に配備され、M16A1ライフルに比べ多くの点で改良が加えられていた。パナマに派遣された陸軍歩兵部隊の大部分もM16A2ライフルを使用した。左側の海兵隊員はM16A2ライフルにレザーウッド距離計付きスコープ（３～９倍調節可能）を装着している。このスコープは同世代のM21狙撃銃に採用されているものと同型だ。弾丸が軽量で発射薬が少ない5.56mm弾薬を使用するM16ライフル・シリーズはM21狙撃銃に匹敵する長距離命中精度、衝撃力、貫通性能はなかった。艦隊テロ対策中隊の要員はこのほかにも９mm口径Ｍ９ピストルと通称「M16サブマシンガン」を携帯した（右側の海兵隊員）。特別調達されたコルトM635サブマシンガンは外見こそM16だが、内部メカニズムは大きく異なる。M635サブマシンガンは、９mm口径でM16のダイレクト・インピンジメント・ガス作動システムでなく、ブローバック方式で作動する。銃身長約267ミリで、排莢孔の後部に大型のカートリッジ・ディフレクターが設けられている。

M16ライフルのマガジン挿入孔に９mm弾用マガジンのアダプターが装着され、イスラエルのウジ・サブマシンガンのマガジンをベースに設計された32連箱型マガジンを使用する。艦隊テロ対策中隊の要員はＳＷＡＴ向けに用意された拳銃・装備品携行ハーネスとマガジン・ポーチ（弾薬入れ）を使用した。

POR PANAMA:
¡LA VIDA
25 ANIVERSARIO
DE LOS

5.56mm. M16A3」の制式名を与えられた。

現在、シールズに加え、海軍建設工兵隊（シービー：Seabees）と憲兵隊で使用されている。コルト社の市販型M16A3ライフルは、M16A2ライフルのキャリング・ハンドルを着脱式にしたもので、海軍用のM16A3ライフルとは別の製品だ。

海軍が初回に調達したFN社製M16A3ライフルは少数で、7480挺にとどまった。2007年、艦艇に装備されていたM14ライフルが回収されてM16A3ライフルに交代した。例外として、各艦艇あたり2挺のM14ライフルが溺者救助のための救命索発射用に残された。

M16A3ライフルの追加生産はFN社とコルト社で行なわれている。M16A2E2ライフルは高性能戦闘ライフル計画の候補となったが、計画自体が中止された。1992年にコルト社は倒産したが、事業合理化をへて1994年に再建された。

M16A4ライフル

M4カービンの「フラット・トップ・レシーバー」は、さまざまな光学照準器や周辺機材を容易に装着可能で大成功だった。1990年代初め、これがコルト社によるM16A4ライフル開発につながった。

1996年、このライフルは「ライフル. 5.56mm. M16A4」として陸軍が制式とした。1998年、海兵隊もM16A4ライフルを制式化した。

M16A4ライフルは、2003年のイラク進攻直前に大量配備されるようになった。コルトとFN両社がM16A4ライフルの製造を担当した。

M16A4ライフルは、M16A2ライフルより約0.6キログラム重く、M16A１ライフルより約1.2キログラム重い。M16A4ライフルは、M16A2ライフルと構造上ほとんど同一だが、上部レシーバー上面にピカティニー・レールが装備され、ここに着脱式キャリング・ハンドルを装着するように変更された。ピカティニー・レールには光学照準器や暗視装置などの照準装置を装着できる。

2009年、M16A4ライフルの構成品からキャリング・ハンドルが廃止された。これ以降キャリング・ハンドルはライフル本体の標準装備部品でなくなった。光学照準器が破損、故障した場合、バックアップ用の単純な金属製のリア・アイアン・サイト（BUIS）をピカティニー・レールに取り付けて照準する。BUISは支給されないこともあったので、戦地に赴く将兵は自費で市販のものを購入した。

2009年、海兵隊はM16A4ライフル向けに４～６段階で伸縮調節できるストックを検討したが、Ｍ４カービンが海兵隊に広く配備されたため採用されなかった。

M16A4ライフルの通常型ハンドガードに代わり、複数のピカティニー・レールで構成されるナイト・アーマメント社製M５レール・アダプター・システム（ＲＡＳ）を装着する改良が行なわれた。この改良型がM16A4ライフル・モジュール式ウェポン・システム（ＭＷＳ）だ。Ｍ４カービン改良計画の副産物で、ハンドガード部の上下左右の各側面にピカティニー・レールが付いている。このハンドガードの採用によって、照準器やフラッシュライト、前部ハンドグリップ、40mm榴弾発射器、そのほかの周辺機材が複数装着できるようになった。M16A2ライフルとM16A4ライフルの外形寸法はまったく同一である。

M４カービンとM４A１カービン

1980年代にM16ライフルのカービン・バージョンを求める声が再び上がり、1984年９月にM16A2カービン・プログラムが始まった。試作カービンは、1940〜50年代に開発された.30口径のＭ１、Ｍ２、Ｍ３カービンにモデル・ナンバーを受け継いでＸＭ４と名付けられた。開発はコルト社が担当した。短い292ミリの銃身を装備した前作ＸM177Ｅ2サブマシンガン（短機関銃）と異なり、やや長い368ミリの銃身を採用したＸＭ４は「カービン（騎銃）」に分類された。評価試験は1985年半ばに始まり86年まで続

強襲揚陸艦エセックス艦上でM16A4ライフルの照準を合わせる第5海兵連隊の海兵隊員。トリジコン社製高性能戦闘光学照準器AN/PVQ-31A1（ACOG）の着弾点調節を行なっている。手前の隊員のハンドガートはオプション取り付けレールが上下左右とも剥きだしになっている。後方の隊員のハンドガードは側面に部分的カバーが付き、上部は完全にカバーされている。（USMC）

M16ライフルとM４カービンに使われている典型的なレッド・ドット・サイトを覗いたところ。フロント・サイトと重なった赤い点がこれまでのリア・サイトの代わりになる。（C.J.Harper）

けられた。XM４カービンは、M16A2ライフルと同じ３発分射機構（バースト）が組み込まれていた。

1987年１月30日、陸軍はXM４を「カービン. 5.56mm. M４」の制式名を付けて採用し、同年４月から部隊配備が始められた。同じ時期に海兵隊も制式化したが、議会がこの調達予算を却下した。そのため海兵隊は、1990年代後半になってからM４カービンの配備を始めた。

特殊部隊が３発分射モードでなく全自動射撃モードを要求したことからM4E1カービンが開発され、これがM4A1カービンとな

ピカティニー・レール

ライフルに光学照準器や暗視スコープ、そのほかの周辺機材を装着するための特殊レールを考案したのはリード・ナイトJrだ。彼は、ナイト・アーマメント・コーポレーション（ＫＡＣ）の社長である。1989年パナマに進攻した特殊部隊要員たちが、小型のフラッシュライトをガムテープでライフルに取り付けている様子を見たのが開発のきっかけとなり、より効果的な装着方法として、レール・インターフェイス・システム（ＲＩＳ）とレール・アダプター・システム（ＲＡＳ）を開発した。ＲＩＳは光学照準器と暗視スコープ用に設計され、ライフル上面と一体化した標準レールを使うことで、どのようなスコープも取り付け可能になった。これ以前は、照準器の種類によってマウント（装着部）が異なり、ライフルに取り付けるにはそれぞれ専用のアダプターを必要とした。

この細長いレール・マウントには取り付け用の溝が複数（２本、４本、６本、11本）切られており、スコープ、そのほかのアクセサリーを射手の好みの位置に固定できた。Ｍ４カービン、M4A1カービンとM16A4ライフル用レールは、ハンドガード部の上下左右の各側面に装備されており、使用しないレールには着脱式ポリマー製カバーをかぶせて握りやすくすると同時に、過熱した銃身から手を守る。

この開発時の難関だったのは、１万発撃っても照準が狂わない堅牢な取り付け方法と、銃身過熱による熱変形を防ぐことだった。1997年に開発されたＭ４カービン用のＸＭ４レール・アダプター・システム（ＲＡＳ）とM16A4ライフル用のＸＭ５レール・アダプター・システム（ＲＡＳ）は、ナイト・アーマメント社のレール・アダプター・システムを原型として開発された。これらのレールを装着したライフルはモジュール式ウェポン・システム（ＮＷＳ）と呼ばれる。

ハンドガード・アダプター・レール・システムは1998年４月にスタンダードＡの装備品として制式化され、同年10月から配備が始まった。最終的な改良と評価試験は、ニュージャージー州ピカティニー国営兵器工場で行なわれた。このためこのレール・システムは一般に「ピカティニー・レール」と呼ばれるようになった。「MIL-STD-1913タクティカル・レール」や「STANAG2324レール」の別名でも知られている。「MIL-STD-1913タクティカル・レール」は米軍のＭＩＬ（訳注：米国国防省が制定する部品調達に適用される仕様・規格）標準番号で、「STANAG 2324レール」はＮＡＴＯ呼称だ。ピカティニー・レールには通常スコープをはじめとし、レッド・ドット・サイト、レーザー・ポインター／照射レーザー、可視レーザー、フラッシュライト、バックアップ用アイアン・サイト、前部ピストル・グリップ、二脚、M203榴弾発射器、M320榴弾発射器、M26ドア破壊用ショットガンなどを装着できる。

空軍憲兵用のＭ４カービン。レール・アクセサリー・システム（RAS）にECOS-N M68近接戦用スコープとAN/PEQ-2赤外線照射器を取り付けている。（USAF）

った。M４カービンとM4A1カービンは、すべてコルト社が製造を担当した。大量需要が発生した場合に備え、陸軍は、他社とも契約ができるように製造特許と技術データをコルト社から取得したが、M４カービンの関連契約に加えられた修正条項によって再び同社の独占生産となった。

陸軍は、最初M４カービンを戦闘部隊の将校や大型兵器を扱う要員、無線通信手などが携帯するM９拳銃とM16ライフル、長らく戦車兵の自衛武器だったM3A1グリースガンと換装する計画だった。特殊部隊も接近戦用のMP５サブマシンガン（H＆K社製）などをM４カービンに換装する計画に関心を示した。

海兵隊は、大佐以下の将校、上級下士官、小隊長、分隊長および衛生兵にM４カービンを支給することになっていた。議会がM４カービンの予算を却下したあと、海兵隊は偵察部隊が使用して

M４およびM４A１カービンの諸元

口　径	5.56×45mm
全　長	838mm（銃床展開時）/756mm（銃床短縮時）
銃身長	368mm
重量	2.88kg（マガジンなし）
マガジン	30連湾曲箱型
発射速度	700～950発/分
射撃モード	半自動および３発分射（M４） 半自動および全自動（M４A１）
銃口初速	884m/秒
有効射程	450m

レール・アクセサリー・システム（RAS）にECOS-N M68近接戦用スコープとバック・アップ・アイアン・サイト、縦型グリップを装着したM4A1カービン。M68スコープの上に見えるのはAN/PAQ-4赤外線照準器。グリップの下にある小さなバイポットは上に押し込んでグリップ内に収納できる。銃床はクレイン海軍基地の水上戦闘センターで開発されたスローピング・チーク・ウェルド・バットストックになっている（訳注：銃を構えたときに頬が密着するよう銃床上部に傾斜を設けたデザイン）。（US Army）

いたM3A1サブマシンガンをMP5-Nサブマシンガンに換装した。

2002年、M16A4ライフルとM4A1カービンのどちらが歩兵用火器として優れているかを判定する評価試験が行なわれた。この結果、海兵隊は歩兵用にM16A4ライフルを、偵察部隊と特殊部隊にM4A1カービンを配備することとした。

陸軍では1999年ごろ、ストライカー８輪装甲兵員輸送車に搭乗する歩兵、軽歩兵、空挺部隊、ヘリボーン部隊、レンジャー部隊を対象にM４カービンの配備を開始した。ほかの部隊はM16A2ライフルとM16A4ライフルによる武装を継続した。

2002年末、空軍はM68スコープ付きM４カービンをそれまで支給していたM16ライフル、M16A2ライフル、GAU-5（XM177）サブマシンガンの代替に選定し、換装を開始した。2005年

2011年、アフガニスタンで警察の指導にあたる契約教官の初期型M４カービン。一体成型のキャリング・ハンドルに注目。（Ken Haney）

初期型M4カービンのクローズアップ。新型リア・サイトの形状がよくわかる。ボルト・フォワード・アシストの押し込み部は楕円形のものから写真の丸形に変更された。排莢孔後端の突起はカートリッジ・ディフレクターで、左利き射手の使用に配慮したもの。下部レシーバー右側面のセレクター・レバー・ピンに記された直線のマークとSAFE（安全）、SEMI（半自動）、BURST（３発分射）の表示も左利き射手のためで、射撃モードの設定を見て確認できる。（Ken Haney）

までにイラクとアフガニスタンに派遣される部隊を含むすべての歩兵は、Ｍ４カービンを装備するようになった。

ＸM4カービンは、弾薬は新型のM855も旧型のM193も使えるよう設計され、M16A2ライフルの上部レシーバー上面のピカティニー・レールと３発分射機構を受け継いだ。銃身こそ368ミリと短くなったが、M16A1ライフルやM16Ａ２ライフルと75パーセントの部品が共通だ。開発の際にM203榴弾発射器を装着できることが条件とされたため、1997年にＭ４カービン用のM203Ａ1榴弾発射器が開発された。

Ｍ４カービンとM4A1カービンは、フラット・トップ型レシーバーを備えており、キャリング・ハンドルは着脱式だ。試作と仮制式のＸＭ４カービンと初期に生産されたＭ４カービンは、一体成型のキャリング・ハンドルだった。

量産型のＭ４カービンは、着脱式キャリング・ハンドルに対応させてフロント・サイト・ベースの背がわずかに高くなった。そのためM16A2ライフルやM16Ａ４ライフルと異なる照準調節方法が必要だったが、これが十分に理解されなかったため、適切な照準調節が行なわれないこともあった。

Ｍ４カービンのフィード・ランプ（訳注：弾薬をマガジンから薬室に導き入れる傾斜）がやや長めになっていることもM16A2ライフルとの相違点だ。

伸縮式ストックは、収納、半延長、４分の３延長、全延長の各段階で調節できる。クレイン海軍基地の水上戦闘センターが、スローピング・チーク・ウェルド改良型ストックを開発した。このストックは一般部隊に支給されることもあれば、特殊部隊専用改修キット（ＳＯＰＭＯＤ）に加えられることもある。また市販の

銃身長368ミリのＭ４カービン（下）は、292ミリの銃身を備えたベトナム戦争当時のＸＭ117E2ライフル（上）と外見上大きく異なり、単なる改良型ではないことがわかる。写真のＭ４カービンは法執行機関用タイプで、高性能戦闘光学照準器（ACOG）をはじめ、さまざまな市販アクセサリーが取り付けられている。（Trey Moore）

ストックを購入した部隊も多い。

前部スリング・スイベルは、サイト・ベース左側面、着剣突起の上方に装備されている。後部スイベルは、ストックの上端とリコイル・バッファー・チューブの下の２カ所ある。ストックの伸縮固定レバーは、ストック前端下部に位置している。短いハンドガードは過熱しやすいので、内部の熱シールドが二層になっている。M4E2カービン（コルト社カタログ名称はM925）には、Ｍ４レール・システムが追加されている。これは後期生産型のM4A1カービンにも組み込まれた。

兵士に支持されたM４カービン

屋内や起伏の多い地形での戦闘、投入された部隊の多くが車両で移動したイラクやアフガニスタンでの戦闘体験から、より小型のライフルが必要との意見が上がった。ブラッドレー装甲歩兵戦闘車やストライカー装輪装甲車、ハンビー高機動車、エムラップ対地雷・伏撃防護車、艦船などの乗員、ヘリボーン・空挺作戦要員にとってコンパクトな武器のほうが動きやすい。使い勝手がよく貫通性能も良好だとして、鹵獲した折りたたみストック付きAK-47を好んで使う者もいた。

戦闘部隊ではM16A4ライフルより小型で「魅力的な外観」からM４カービンのほうが広く使用された。銃身が短いことで、射程、貫通力、銃口初速、殺傷力などが十分ではないとされたものの、兵士にとってコンパクトさのほうが重要だった。M４カービンは、ガス・チューブが短いことから部品の摩耗が激しくなり、射撃音も大きい。

1997年、陸軍は戦闘部隊に配備されているM16A2ライフルを順次、M４「フラット・トップ」カービンに換装すると発表した。2000年の終わりには海兵隊もM４カービンが全部隊配備に適した武器かどうかを見極めるために演習で使用し始めた。同じころM4A1ライフルの軽量銃身に代わるヘビー・バレルを支給される特殊部隊も出始めた。

2001年、ピカティニー・レール装備のM16A4ライフルとM４カービンが本格的に配備され始めた。M４カービンに比べてM16A4ライフルのほうが古くさく見えるところから、M16A4ライフルには「マスケット」（訳注：先込め式の旧式銃）のニックネームが付けられた。

SOPMOD　M4A1ブロック1アクセサリー・キット

特殊部隊専用の改良キット（SOPMOD）は、多様な任務や作戦状況にM4A1を適合させるための多種多様なアクセサリーと装置の総称だ。開発は1989年に始められ、1993年に制式化された。

1組のキットで4挺のM4A1カービンを特殊仕様にできる。SOPMODを構成する多くの部品は市販されている既製品だ。より優れた製品が開発されるにつれて、多くの部隊ではこれらを購入し、紛失や破損した場合の代用とした。キット間で部品の流用もしばしば行なわれた。最初に作られたSOPMOD M4A1ブロック1アクセサリー・キットの内容は以下の通り。

KACレール・インターフェイス・システム・フォーラームス（ハンドガード）（4個）
KAC縦型前部グリップ（4個）
KACバックアップ・アイアン・サイト（4個）
トリジコンTA01NSN 4×32　高性能戦闘光学照準器（ACOG）（4個）
ECON-NM68近接戦用スコープ（4個）
戦術装備用戦闘スリング（4個）
AN/PVS-14暗視スコープ用マウント（4個）
インサイト・テクノロジーAN/PEQ-2赤外線照射・照準レーザー装置（4個）
インサイト・テクノロジー・ブライト・ライト・可視光線照射器（2個）
トリジコンRX01M4A1ドット・サイト（2個）
KAC着脱式サウンド・サプレッサー（2個）
KAC着脱式M203榴弾発射器マウント（1個）
着脱式M203榴弾発射器用照尺（1個）
M203榴弾発射器（全長228ミリの短縮型）（1個）
インサイト・テクノロジーAN/PEQ-5可視レーザー装置（1個）
AN/PVS-17Aミニ・暗視サイト（1個）
AN/PQS-18A M203榴弾発射器用昼・夜照準器（1個）
キット運搬・収納用ケース（1個）

現在もSOPMOD M4A1ブロック・キットの開発が進められている。このキットには、12ゲージのモジュール式ショットガン・システム（MASS）と40mm口径M320榴弾発射器が加えられるかもしれない。SOPMODブロック・キットの開発の目的は、バッテリーを必要としないか、一般に市販されている汎用電池を使用する装備品で構成することだ。

これらの装備品はM4A1カービンとＦＮ社製5.56mmMk17Mod0 Light（SCAR-L）ライフル、7.62mmMk17 Mod0 Heavy（SCAR-H）特殊部隊用コンバット・アサルト・ライフルに装着できるものになる。

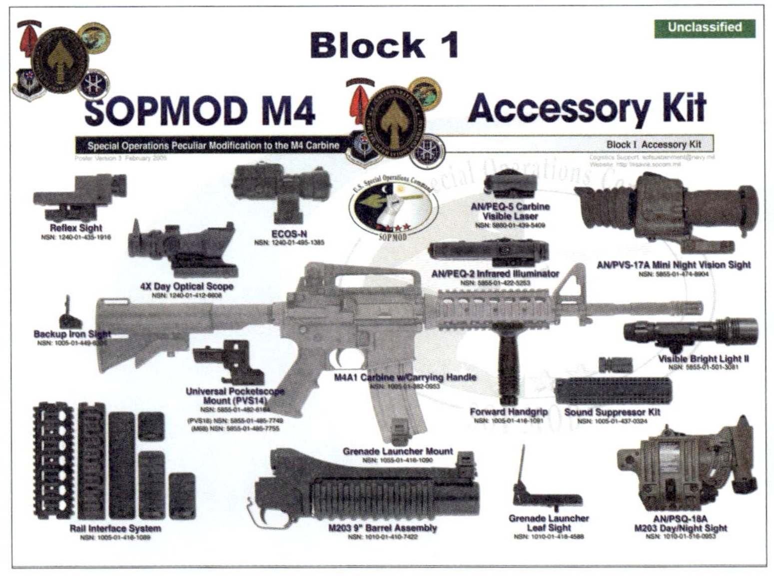

SOPMOD M4A1ブロック1アクセサリー・キット

Ｍｋ12特殊用途ライフル

特殊用途ライフル（ＳＰＲ）プログラムは2000年に始まった。陸軍ロック・アイランド兵器工廠のマーク・ウェストロム（後年アーマライト社の社長に就任）の提唱によるもので、M16A2ライフルやM16A4ライフルよりコンパクトで、狙撃銃には及ばないが、M4A1カービンを上回る射程と命中精度を備えたマークスマン・ライフルを目標に開発が進められた。この種のライフルはとくに特殊部隊が要望していた。

Mk12Mod1SPRはクレイン海軍基地兵器開発センターが、Mod0はロック・アイランド陸軍兵器工廠が開発した。開発の目標は、M４カービンを上回る命中精度と射程で、高精度バレル（銃身長457ミリ）付きのM４カービン「フラット・トップ」レシーバーに、M16A1ライフルの下部レシーバーを組み合わせてある。トリガープルを向上させるため2ステージ・トリガーを採用し、クレイン・スローピング・チークウェルド・バットストックを装備している。写真のスコープはロイポルト社製のLR M３（倍率3.5～10）で、このほかにも数種類ある。（US Navy）

ロック・アイランド陸軍兵器工廠とクレイン海軍基地兵器開発センターに加えて民間企業が関わって進められ、さまざまなプロトタイプや改良型が作られたため、Mk12特殊用途ライフルの開発経緯は、はっきりしないところが多い。確かなのは、海軍特殊戦部隊シールズの「偵察用ライフル・プロジェクト」がベースなっていたという点だ。

もともとSPRの原案は、既存のM16A1ライフル、M16A2ライフル、M4A1ライフルの下部レシーバーに取り付け可能な上部レシーバーと銃身のみが開発対象だった。だが、ある時点でライフル全体の開発計画に変更された。上部レシーバーは主にカナダのダイマコ／コルト・カナダ社とアメリカのアーマライト社が製造した。下部レシーバーにはＫＡＣ社の２ステージ・トリガーが組み込まれている。この引き金システムは、半自動射撃モードにしたとき競技用ライフル並みの精度を発揮する。同時に、必要があれば全自動射撃モードにも切り替えられる。

後期型のＭｋ12ライフルはＭ４カービンの「フラット・トップ」レシーバーとM16A1ライフルの下部レシーバーを使用している。消炎器を装備した精度のよい銃身はステンレス製で、銃身長457ミリ。ライフリングは７インチで１回転する「1-7」転度である。

タクティカル・レールの形状に対応したさまざまな種類のハンドガードが用意された。ハンドガード前端に取り付けるバイポッド（二脚）は、高さの調節が可能で、使用しないときは前方に折りたたみ格納する。

ハンドガードは、銃身に接触していないフリー・フローティング形式で、過熱や振動、圧力の悪影響を受けにくくなっている。

M16ライフルのトレードマークだった三角形のフロント・サイト・ベースは、跳ね上げ折りたたみ式サイトに変更された。

レシーバー上面のレールには、ロイポルト社の3.5〜10×ＬＲＭ３、2.5〜9×ＴＳ-30、3〜9×ＴＳ-30Ａ2、ナイトフォース社の2.5〜10×ＮＸＳなどのスコープが標準装備として装着できる。

伏せ撃ち姿勢に適した20連マガジンを標準装備し、一般の普通弾より弾丸の重量が重いＭｋ262マッチ弾を使用する。

陸軍特殊部隊がＭｋ12Ｍｏｄ0ライフルを使用し、海軍シールズと陸軍レンジャー部隊はMk12Mod1ライフルを使用している。より人間工学的に優れた設計のMod0ライフルを選ぶ将兵が多いとする報告もある。しかし、シールズは「軍用マッチ（競技用）ライフル」のSPRそのものをあまり評価せず、406ミリの短銃身のカービンを選択した。

Mk12Mod0／1 SPRの諸元

口径	5.56×45mm
全長	957mm
銃身長	457mm
重量（マガジンなし本体）	4.08kg
マガジン	20連箱型
発射速度	700～950発/分
射撃モード	半自動および全自動
銃口初速	930m/秒
有効射程	550m

注：重量は取り付ける周辺機材オプションによって異なる。

Mk12 Mod1ライフル（US Navy）

第3章
M16の弾薬と付属品

スリング、バイポッド、クリーニング・キット

M16ライフルやM４カービンにはさまざまな追加装備アクセサリーや専用スコープが製品化された。限られた紙面ですべてを紹介することはできないが、以下、概要を説明する。

M１スリング（肩かけベルト）は、オリーブドラブ色のナイロン製で金属の留め金が付いている。M16A2ライフルの付属品として支給されたスリングは、より軽量な黒色のナイロン製になった。1990年代末からは３点でライフルに装着するタクティカル／アサルト・スリングが普及した。これらのスリングは、射手がライフルを肩にかけて携帯するだけでなく、移動中も直ちに反撃できる体勢で携帯するのに有効だった。

ベトナム戦争当時のXM３バイポッド（二脚）は、フロント・サイト下部の銃身に洗濯ばさみのように開閉させて取り付けるタイプだった。このバイポッドは高低の調節ができなかった。バイポッドは側面にクリーニング・キットを収納するポケットがついたキャンバスかナイロン製のケースに入れて持ち運んだ。XM３バイポッドは全兵士に支給されるはずだったが、ベトナム戦争を通じてほとんど使われなかった。

ベトナム戦争では、兵士らはナイロン製ポーチに入ったクリーニング・キットをバックパック（背嚢）に収納して携行した。数本に分割されクリーニング・ロッド（洗い矢）とパッチ（掃除用に裁断した木綿布）を通す先端部、薬室ブラシ、小火器用潤滑油（ＬＳＡ）の小瓶、ガス・チューブなど掃除しにくい部分のクリーニングに使うパイプクリーナー、パッチがセットになって収納されていた（7.62mm口径用のパッチは、４分の１に切って使う必要があった。のちに5.56口径mm専用のパッチが製造されて支

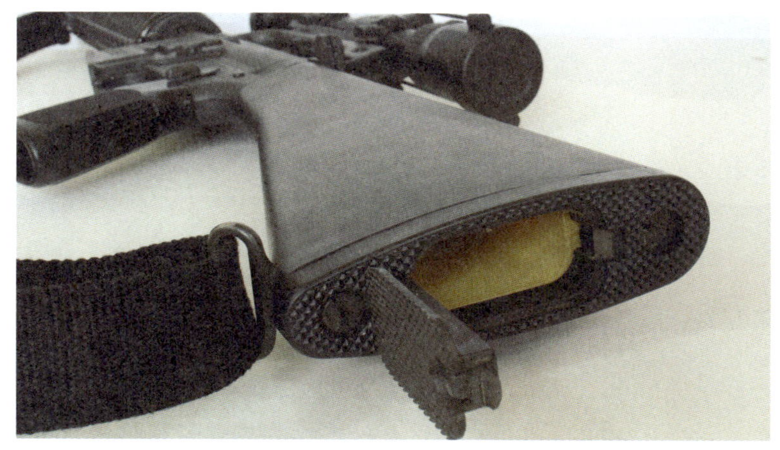

M16ライフルのストックに設けられたクリーニング・キット収納スペース。右はM16ライフルのクリーニング・キット。(T.Kato)

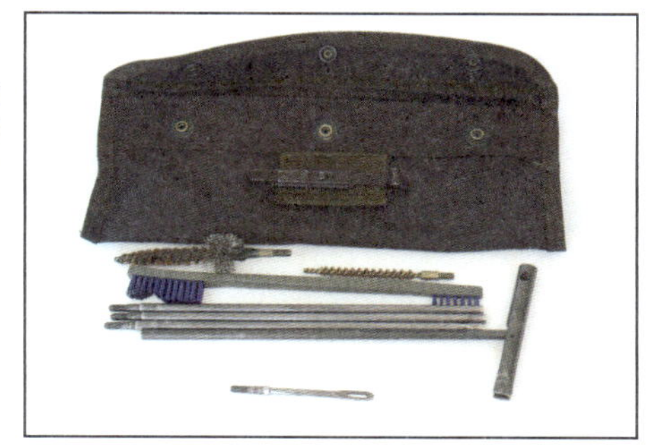

給された）。

多くの兵士は使いやすい歯ブラシや電気シェーバー用ブラシを自分の小銃のクリーニングに流用した。しばらくして両端に大小のブラシがついた官給品が支給されるようになった。

1969年以降に生産されたM16A1ライフルと後継のM16ライフル・シリーズは、固定ストック内にクリーニング・キット用の収納スペースが設けられた。ここに三角形の細長い布袋に入ったクリーニング・キットを収めて携帯する。のちに供給された４分割

コルト／リアリスト社のスコープ（３倍率）を取り付けたＭ16Ａ1ライフル。約400挺がベトナムに送られ、選抜射手が使用した。スコープを付けても、その性能は狙撃銃にはほど遠く、キャリング・ハンドルもスコープの装着には不適当だった。（Trey Moore）

のM11クリーニング・ロッドはＴ字型の折りたたみハンドルがついていた。このクリーニング・ロッドはパッチを通す先端部も加えると５分割となる。

1980年代半ばになって新型の潤滑油（ＣＬＰ）が支給されるようになった。ベトナムの戦場では、中空のピストル・グリップの内部にクリーニング用のパッチや布を詰め込み、ダクト・テープで封をする兵士も見られた。ヘルメットのカモフラージュ用のバンドにＣＬＰオイル容器を挟んで持ち歩く兵士もいた。

上から順に両刃のM7銃剣とM8A1鞘（AfterMidnightRider）、ワイヤーカッターとしても使用できるＭ９多目的銃剣とM10鞘（Curiosandrelics）、ブレードにノコギリ状の波刃が付いた海兵隊の多目的銃剣（USMC）

Ｍ７銃剣とＭ９多目的銃剣

1964年、両刃で刃渡り165ミリのＭ７銃剣とM8A1グラスファイバー製の鞘がM16ライフル用として制式化された。この銃剣はM14ライフル用Ｍ６銃剣を改良したものだ。ちなみにＭ６銃剣はＭ２カービン用の銃剣をベースにしている。

Ｍ９多目的銃剣とM10鞘は1984年に陸軍と海兵隊が採用し、

M４カービンの銃身下に取り付けられた12ゲージM26モジュール式アクセサリー・ショットガン・システム。M16にも同様に装着でき、ストレートプル式ボルトアクション散弾銃でドアなどの破壊に使われる。装弾数は５発。上部にはECOS-N M68近接戦用ドット・サイトとAN/PAQ-4赤外線照準ライトが付いている。（US Army）

1987年から支給が開始された。M９多目的銃剣が制式となったあともM７銃剣は訓練部隊でずっと使われ続けた。M７銃剣とM９多目的銃剣が完全に交代したのはかなりあとなってからだった。

M９銃剣は戦闘用ナイフとして使用できるだけでなく、刃の前方に開けられた穴と鞘の突起を組み合わせるとワイヤーカッターとしても使用できるなど汎用性を備えていた。上部ブレードはノコギリになっており、木を切ったり航空機のアルミ製胴体を切断したりできる。刃渡りは177ミリで、M16ライフルとM４カービンのいずれにも着剣できる。

2003年、海兵隊は独自の多目的銃剣と鞘を配備した。この銃剣はケイバー社の戦闘用ナイフを原型として開発されたもので、ワイヤーカッターの機能はない。短いノコギリ状の刃が鍔（つば）の前方下

面に付いており、刃渡りは203ミリだった。

サイレンサー、榴弾、ショットガン

M16ライフルとＭ４カービン用のサイレンサー／サプレッサー（消音器／減音器）には多くの種類がある。ヒューマン・エンジニアリング・ラボラトリー（ＨＥＬ）社のＭ４とシオニクス社のＭＡＷ-556、Ｅ４Ａの３機種は、ほかの試作品とともにベトナムで使用された。

近年、市販のサプレッサーも米軍で多数使用されるようになった。現用のサプレッサーは、着脱が容易なＫＡＣ社製の製品で、発射音を25デシベル低減でき、耐用限度は3000発とされる。

ライフルマン用アサルト・ウェポン（ＲＡＷ）は使い捨てのロ

M26を取り付けたM４カービンを構える兵士。スコープは高性能戦闘光学照準器（ACOG）で、この組み合わせは2008年に配備が始まった。写真のM26は試作型で銃身がM４カービンの銃口より前に出ているが、現用型はさらに短く、M４カービンの銃口位置と同じくらいになっている。（US Army）

ケット推進式の榴弾だ。1970年代半ばに開発され、90年代になって海兵隊が限定的に使用した。M16A1ライフルやM16A2ライフルの着剣突起に装着し、普通弾を射撃する際の発射ガスの一部を使って発射する。空中でロケット推進薬に点火され、翼で弾道を安定させながら飛翔する。最大射程は約300メートル。直径140ミリの球形弾頭部に１キログラム弱の高性能爆薬が充填されており、厚さ約20センチの鉄筋コンクリートに直径約35センチの穴を空ける能力を持っていた。

2005年、12ゲージ口径のM26モジュール・アクセサリー・ショットガン・システム（MASS）が登場した。試験配備が2008年に行なわれ、2011年から本格的に配備された。ストレートプル方式（訳注：直動式。ボルトを真っすぐ引いてボルトを開閉する形式）のボルトを用いた散弾銃で、箱型マガジンに散弾５発を装塡できる。M16ライフルやＭ４カービンの銃身下に装着し、ＯＯ（ダブルオー）バックショット散弾（訳注：大型動物狩猟用散弾）を射撃する。ドアの鍵やちょうつがいなどを破壊するためのブリーチング弾、非致死性弾や催涙ガス弾なども発射できる。銃身下に取り付ける場合の重量は0.76キログラム。Ｍ４カービンのものに似た伸縮式ストックとピストル・グリップを組み合わせれば単体の散弾銃として使用できる。この場合の重量は1.89キログラムになる。

空砲アダプター

2007年、M16ライフルとＭ４カービン用の接近戦キットが採用された。このキットは、近距離戦闘、とくに市街戦で効果を発揮するアクセサリーで、改良型クリーニング・キット、タクティカル・スリング、複数マガジン・ホルダー、ピカティニー・レールを下部に装備したハンドガード、バイポッドを兼用するフォワード・グリップ、分隊マークスマン用バイポッドなどで構成されている。

XM16E1ライフルが制式となって数年後に空砲と空砲発射用アタッチメント（ＢＦＡ）、通称「空砲アダプター」が制式化された。M16ライフル・シリーズ用のM15A/A2アダプターは赤色に塗装され、Ｍ４カービン用M23アダプターは黄色に塗装されている。空砲アダプターを装着したまま誤って実弾を発射しても、（筆者も目撃したことがあるが）アダプターが銃口部から吹き飛ばされるだけで、射手を傷つけたり銃を破損させたりしない設計になっている。

映画やＴＶなどで使われる、いわゆる「ハリウッド式」空砲アダプターは、消炎器を外して銃口に挿入するタイプで、アダプターを装着したあとに消炎器を付け直す。

銃身内に水や砂塵などが侵入することを防止する銃口カバーは、黒か赤のプラスチック製で、銃口カバーを付けたまま実包を発射しても安全上問題ない。

訓練用レーザー交戦システム（MILES）と空砲アダプターを銃身に取り付けたM16A1ライフル。MILESは戦闘訓練に用いられるシミュレーション機材。空砲の発射音で目に安全なレーザーを照射し、敵役の兵士に「命中」すると、ヘルメットとハーネスに装着したレーザー・レシーバー（黒いドーム状のもの）が検知し、ブザーが鳴り左肩にあるライトが点滅して知らせる。ブザーとライトは模擬戦闘に同行する審判員だけが解除できる。（テキサス州軍事博物館）

ボルトとボルト・キャリアーをM２練習用ボルト・アセンブリーに交換すると、M862近距離訓練用弾薬を使用できるようになる。M862近距離訓練用弾薬の弾丸はプラスチック製で、代替検定射場の距離25メートルで射撃する場合、着弾のばらつきが普通弾とほぼ同一になる。

M261 .22ロング・ライフル弾薬変換キットは、リムファイアー弾薬を使用できるよう改良された特製のボルト・アセンブリーと25連マガジンから構成される。.22ロング・ライフル弾薬は屋内射場で使用される。

左利き射手が安全に射撃するためのカートリッジ・ディフレクターは黒色のプラスチック製で、M16A1ライフルの右側面に取り付けることができる。

5.56×45mm弾薬の開発

M16ライフルで使用される弾薬は、それまでになかった特異な弾薬で、M16ライフルをめぐる論争の主な原因でもあった。.223レミントン（5.56mm×45）弾薬は.222レミントン弾の強い影響を受けて開発された。.222レミントン弾薬は、レミントン社の小動物狩猟用M722ボルトアクション・ライフルで使用する弾薬として開発され、1950年に発売された。この弾薬はすでに開発されていた.219ジッパー弾薬と性能がよく似ていたが、リムレスでショルダー部が鋭角になっていた。.222レミントン弾薬は、古くからある.218ビー弾薬と.220スイフト弾薬の中間的な性能を備えた弾薬で、遠距離からの小動物のハンティングやベンチレスト競技（訳注：精密射撃を競うライフル競技）の射手の間で人気を博した。全体的に見るとスケールダウンした.30-06弾薬ともいえる。

弾薬の比較写真（実物大）。弾薬の大きさを比べるうえの基準として、米国の1セント硬貨（左：19.05mm）と10ユーロ・セント（右：19.75mm）を例示。左から：7.62×51mm NATO弾（M14、FALおよびG３ライフルに使用）、.30カービン弾、5.56×45mm NATO弾（M16ライフルおよびM４カービンに使用）、6.8mmSPC弾（5.56mm弾の代替候補）、7.62×39mm弾（ソビエト/ロシア製AK-47に使用）、5.45×49mm弾（ソビエト/ロシア製AK-74に使用）、9×19mmパラベラム/NATO弾（多くの拳銃と短機関銃に使用）（G.Rottman）

ソフト・ポイントとホロー・ポイント弾丸を装着したものが作られた。

1950年代後半にアメリカ陸軍は「小口径高速弾ライフル・プログラム」をスタートさせた。数社がこのプログラムに参加し、.222レミントン弾薬をベースにして新型弾薬の開発を始めた。銃口から500ヤード（457メートル）の地点でも超音速（海抜ゼロで329メートル／秒）を維持する.22口径高速弾を開発することが目標とされた。しかし.222レミントン弾薬は、この要求性能を達成できず、発射薬を増量できる、より長い薬莢が必要だった。

レミントン社とスプリングフィールド兵器工廠が共同で.224スプリングフィールド弾薬を開発した。スプリングフィールド兵器工廠がプロジェクトから撤退したあと、この弾薬は.222レミントン・マグナムの製品名で1958年に市販された。同時期にウィンチェスター社は、.224ウィンチェスターＥ１弾薬とＥ２弾薬を完成させていたが、陸軍のプログラムから撤退した。

1957年、レミントン社とアーマライト社は、協力して新型小銃用弾薬の開発に取り組み始めた。この共同開発で製作された小口径高速弾を使うライフルがのちのAR-15ライフルとなった。

銃器雑誌『ガンズ＆アモ』のロバート・ハットン編集長が弾薬の開発・設計を担当し、.222レミントン・スペシャルと名づけられた。後年の.223レミントン弾薬の薬莢は長さ44.7ミリであるのに対し、.222レミントン・スペシャル弾薬の薬莢は長さ43.2ミリだった。薬莢の長さの違いを除くと２つの弾薬の外形はほぼ同一だった。.222レミントン・スペシャル弾薬は、ＡＲ-15専用の軍用弾薬として設計され、最初3.56グラムのフルメタルジャケット弾丸が用いられた。.222と.223弾薬の弾丸の実測口径は1000分の224インチ（5.689ミリ）である。

1962年、レミントン社はM700ボルトアクション・ライフルの販売を開始した。このライフルはさまざまな口径の中から使用する弾薬を選択できた。1964年、.223レミントン弾薬仕様のM700ボルトアクション・ライフルが発売された。軍用弾薬として設計され、初速の高いことから、ほどなく.223弾がバーミント・ハンティング（害獣駆除）と競技射撃の分野の弾薬として.222弾に取って代わった。

1963年、米軍は.223レミントン弾を採用するにあたり、ＮＡＴＯ標準化合意に従ってミリメートル表示に改め、5.56mm弾薬と改称した。1980年にＮＡＴＯが標準弾薬に制定してからは、5.56mmＮＡＴＯ弾薬の名称が一般的な呼称となって現在に至っている。当初、しばしば「陸軍が『.22口径』弾薬を採用した」と報道された。その結果、銃器の知識を持ち合わせていない人々はこの弾薬と空き缶を標的にする娯楽射撃で使う.22ロング・ライフル・リムファイア弾薬と混同した。

5.56mm弾薬を使用する軍用銃と、.223レミントン弾薬を使用する民間向けの市販銃では、薬室の寸法がわずかに異なる。軍用銃では、薬室先端部からライフリングが始まるまでの傾斜部分（リード）の長さが市販銃に比べて長い。そのため、市販の.223弾薬を軍用銃で撃つぶんには問題ないが、反対に軍用の5.56mm弾薬を市販銃で撃った場合は腔圧（訳注：薬室内の圧力）がやや高めになり、銃に過大なストレスがかかったり破損につながったりする可能性がある。だがいまのところ実際にこのような事故が起こったという報告はない。

5.56mm軽量高速弾の特徴

.22口径の小口径高速ライフル弾薬の構想は1953年にさかのぼる。最初の試作は、.222レミントン弾薬の薬莢を33.5ミリにネックダウンして短くし、2.65グラムの弾丸を用いた弾薬だった。試作された銃は、Ｍ２カービンをベースにして.22口径に改造し、銃口部に小型のマズルブレーキを取り付けてあった。

5.56×45mm弾の種類

名　称	外観の特徴	備　考
MLU-26/P普通弾	弾頭塗装なし	空軍が初期に使用
M193普通弾	弾頭塗装なし	
M855普通弾	弾頭グリーン塗装	
M855A1普通弾	鋼製弾頭	
Mk262Mod0/1特殊普通弾		
Mk318Mod0増強型普通弾		別名SOST
M995徹甲弾	弾頭黒塗装	
M193曳光弾	弾頭赤塗装	
M856曳光弾	弾頭赤塗装（※1）	
ＸM996低光度曳光弾	弾頭暗紫色塗装（※2）	
M862近距離用訓練弾	ライトブルーのプラスチック製弾丸	
M195榴弾発射用空砲	バラ状に絞られた先端部赤塗装	
M775催涙ガス弾用空砲	バラ状に絞られた先端部黄色塗装	M234ランチャー用
M200空砲	バラ状に絞られた先端部暗紫色塗装	
M197高圧試験用弾	薬莢ニッケルメッキ	通常小銃では使用不可
M199ダミー弾	薬莢側面に縦の凹型溝	
M232ダミー弾	黒い薬莢	

（※1）SAW分隊支援火器用の弾帯に装着される弾薬は弾頭をオレンジ塗装

（※2）暗視装置を通じて目視する

付記：M200番台以下の弾薬は初期の「1-12」ライフリング転度銃身用。
M200番台以降は現用ＮＡＴＯの「1-7」ライフリング転度銃身用。

この弾薬は、M1カービン弾薬と同等の性能を有していたが、軍用小銃弾薬としては弾丸エネルギーが不足しており、軍用には不適当だとされた。ただし、同時にこの.22口径弾は.45口径サブマシンガンの代用にはなりえるとの結論も出された。当時は、アメリカ軍とNATOが7.62×51mm弾薬を小銃と機関銃用の標準弾薬として制定する直前だった。そのため、この22口径弾薬がアメリカ軍制式ライフルの弾薬として考慮されることはなかった。

のちに制式化されたM193普通弾は、弾芯が鉛で弾丸重量3.56グラムだった。作動不良の原因にもなった粒状火薬の問題は別として、この弾丸は軽すぎて十分な威力を期待できなかった。弾丸の重量は、リムファイアーの.22ロング・ライフル用鉛弾丸の2倍強にすぎなかったからだ。

これに比べてNATOが選定した7.62×51mm M80普通弾の弾丸重量は9.71グラム、旧ソ連のAK-47（カラシニコフ）に使われる7.62×39mm弾は弾丸重量8.09グラムで、スチール製の弾芯を用いていた。

5.56mm軽量高速弾の性能には注目すべきものがある。軽量高速弾が人体に命中すると、場合によってその銃創は目をそむけたくなるほどの惨状を呈する。軽視されがちだった

ベトナム戦争当時の弾薬カートン。M16A1ライフル用20連マガジンが7個入っている。連邦物品番号は1005-056-2237。各兵士が携行する基本弾薬量は最低でもマガジン9個とされたが、戦闘下では20個以上携行するのが普通だった。（Trey Moore）

が、さらにいくつか問題点があったのも事実だ。それらは戦闘で数発の5.56mm×45弾薬が命中したにもかかわらず、敵はその場で倒れなかったという報告が複数ある。代表的な問題点としては、高速で飛行する軽量弾頭が草木などにあたると容易に跳弾となってしまうことと、貫通性能が劣ることだった。レンガの壁や丸太、板塀、建物の壁や床、土嚢、塹壕の胸壁などにあたると弾丸が変形・破損しやすく、貫通せずに跳弾になってしまう。

公開されている動画によると、内部に砂を詰めた厚さ30センチのコンクリート・ブロックを初期型ＡＲ-15を使用して近距離から5.56mm弾薬の全自動射撃で穴を空けるためには35発必要だった。7.62mm×51弾薬なら18発で穴を空けられる。

M855普通弾とM856曳光弾

1980年10月、ＮＡＴＯはＦＮ社設計のＳS109普通弾とＬ110曳光弾を標準弾薬とした（STANAG 4172）。NATO加盟国はこれらの弾薬を必要に応じて採用、国内で生産することになった。アメリカの場合は、ＳS109普通弾にM855普通弾、Ｌ110曳光弾にＭ856曳光弾の制式名を付けて採用した。ＦＮ社設計の弾薬はいずれもヘルメットや防弾チョッキに対する高い貫通力を持つように設計された。

M855普通弾は広く使用されている普通弾（ボール弾）で、弾頭の先端が緑色に塗装されている。弾丸重量は４グラム。M855普通弾は、弾丸重量がM193普通弾より0.45グラム重いだけだが、弾丸内に鋼製の弾芯が挿入されており、貫通性能がわずかながら向上した。初速はM193普通弾に比べて遅くなったものの、弾丸が重いため遠距離での性能が向上した。生体組織に対する破壊力

（ストッピングパワー）も大きくなった。近距離ではM193普通弾と大差ないが、M４カービンで撃った場合には45メートル以上で、M16ライフルの場合は120メートル以上の距離で殺傷性能の向上が確かめられている。

それでも複数の弾丸が命中した敵を阻止できなかったとする報告がある。M855普通弾の弾丸の飛行が安定し、さらに高速のため、人間の胴体などに命中すると、体内で命中弾丸が倒れた状態になったり、変形したりせずに貫通しやすいからだ。

2010年半ば、M855A1高性能弾薬が開発された。この弾薬は、弾丸の重量が４グラムで、弾丸内部に２部分からなる弾芯が挿入されている。弾丸内部の前半分は貫通能力を向上させる硬化鋼製のペネトレーターが挿入され、後半分にビスマスと錫（すず）合金の弾芯

ポンチョ姿の歩兵基礎訓練中の兵士が20連マガジンに弾薬を装填している。10発ずつ装填クリップ（別名ストリッパー・クリップ）と装填アダプター（別名スプーン）を使って押し込める。赤く塗られたヘルメットは射場補助係を表示するもので、訓練生が輪番で行なう。（ポーク基地博物館）

が挿入されている。硬化鋼製のペネトレーターは「トウモロコシ」のような形状をしており、先端部には被覆がない。

M995徹甲弾は2001年に制式化された。この弾薬は識別のため弾頭が黒色に塗装された。弾丸の内部にタングステン製ペネトレーターが弾芯として挿入されている。このペネトレーターは、距離100メートルで直角に命中すれば、厚さ12.7ミリの硬化鋼を貫通する能力を備えている。また距離600メートルで厚さ３ミリのスチール・ヘルメットを撃ち抜くことができる。この弾薬は、市街戦で軽装甲車両に対する射撃や一般的な目標に対して有効だ。

2002年、より高性能な弾薬を必要とした特殊部隊は、弾丸重量4.98グラムの長距離用普通弾Mk262Mod1弾薬とMk262Mod2弾薬を採用した。Mk262Mod2弾薬の弾丸はグルーブ溝が切られており、この溝でしっかりと薬莢先端にクリンプ固定された。これらの弾薬は、もともと特殊部隊向けのMk12特殊用途ライフルのために設計された。

M995徹甲弾に比べてMk262Mod1弾薬やMk262Mod2弾薬は、射程が長くなり、ストッピングパワーも向上しているところから、ほとんどの特殊部隊が使用するようになった。M4A1カービンで使用するのに精度がよく最適な弾薬である。弾丸の弾頭は開口タイプで、弾頭にわずかな凹みがある。弾丸の弾頭のわずかな凹みは被覆（ブレットジャケット）を貫いておらず弾芯に達していない。そのため、命中後に殺傷力を高めるホロー・ポイント弾と異なり、弾丸が拡がったり、ばらばらになることがない。この凹みは弾道を安定させることを目的に開発された。ただし鋼製の弾芯が挿入されていないため貫通力は低い。製造に手間がかかるところからほかの弾薬より納入価格が高価だ。

伏せ撃ち姿勢で射撃後、空薬莢を拾う兵士。左側にあるのはM49スポッティング・スコープ。右腰に装着しているのはマガジン・ポーチで30連マガジンを３本収納できる。（テキサス軍事博物館）

Ｍｋ318高性能普通弾と6.8mm特殊用途弾

2009年初頭、Mk318Mod0高性能普通弾が開発された。この弾薬は、アメリカ特殊作戦軍が、Mk16Mod0特殊部隊戦闘用アサルト・ライフル（ＳＣＡR-Ｌ）で使用するために開発した。Mk16Modライフルは、接近戦用で銃身が350ミリと短いため、より精度の高い弾薬が必要だった。Mk318Mod0高性能普通弾は特殊部隊用科学技術弾（ＳＯＳＴ）の別名でも知られ、M16ライフルやＭ４カービンに使用しても効果が高い。

Mk318高性能普通弾の弾丸は、開口タイプで重量4.01グラムある。弾丸の弾芯は、前半分が鉛製、後半分が銅製ペネトレーターになっている。飛翔する弾丸は、障害物に影響されにくい設計で、車のガラスやドアなどを貫通後も直進する。M855普通弾に比べて跳弾になりにくい。そのため、海兵隊は2010年に、陸軍が選定した最新のM855A1弾薬でなくMk318高性能普通弾を制式に選定した。

2001年、陸軍の第5特殊部隊群とマークスマン訓練部隊のメンバーは、改良型M4A1カービンとMk12ライフル（SPR）のための6.8mm特殊用途弾薬（SPC）を開発した。この弾薬の弾丸直径は、6.8mm（.277口径）で、従来の5.56mmより大きい。薬莢の長さは43ミリで、5.56mm弾よりわずかに短いが、6.8mm口径7.45グラムの弾丸の露出部が長いので、弾薬の全長は同一になっている。

6.8mm特殊用途弾薬は極めて精度がよく、5.56mmと7.62mmを補完する性能を有することが明らかになった。M4A1カービンやMk12ライフルを6.8mm特殊用途弾薬に変更するには、特別の改造を必要としない。単に下部レシーバーに6.8mm口径の上部レシーバーと銃身、改良型ボルトを取り付けるだけで完了する。改造には新たに25連マガジンを必要とするが、このマガジンの先端部分は現用カービンやライフルのマガジン挿入口に適合している。

6.8mm口径ライフルは、2003年以降アフガニスタンで限定的に使用された。だが戦時下の新口径弾薬と新型マガジンの採用と変更は現実的でないという理由で広範に使用されることはなかった（原注：1906年レミントン社が.30-30ウィンチェスター弾をリムレスにして自社のM8自動装填ライフル用に製作した.30レミントン弾の薬莢をベースに開発されたところから、6.8mm特殊用途弾薬SPCは6.8mmレミントンSPCとも呼ばれる)。

CUNALATA
GONZALES
GONZALEZ

第4章
戦場のM16

イラクに駐留する第36歩兵師団のメンバー。ECOS-N M68近距離光学照準器を装備したM16A4ライフル、M4カービン、そしてM203A1榴弾発射器で武装し、モジュール式軽量装備携行ギア（MOLLE）を着用している。（テキサス軍事博物館）

M16ライフルの射撃手順

M16ライフルの射撃手順はシンプルだ。通常、規定弾数より1〜2発少なめの弾薬をマガジンに装塡する。マガジンの後面をヘルメットや銃の床尾、ブーツのかかとなどで叩いてマガジン内の弾薬をそろえ、弾頭がマガジン前縁に触れないようにする。

射撃モードセレクターを「安全（SAFE）」にセットし、マガジンを挿入してキャッチ音を確認する。マガジンの底部を軽く叩いて押し込んでから引いて、マガジンがしっかり固定されていることを確かめる。

チャージング・ハンドルを後方いっぱい引いてから放すと、ボルトが前進して初弾が薬室に装塡される。時間に余裕があれば、チャージング・ハンドルをわずかに引いて薬室内の弾薬を確認する。このときハンドルを引きすぎると弾薬が排出されてしまったり、二重装塡（訳注：弾薬が薬室に入っている状態で、ボルトが次弾をマガジンから抜き出して1発目の後部にぶつけてしまう作動不良）したりするので注意する。

次に、手のひらでボルト・フォワード・アシストを押し、ボルトが完全に閉鎖されたことをチェックする。すぐ射撃しない場合は、排莢孔カバーを閉じる。状況に応じ、左側面のセレクターを「半自動（SEMI）」「3発分射（BURST）」または「全自動（FULL）」にセットして射撃する。

M16ライフルとM4カービンは半自動射撃が優先モードで、セレクターは「安全」「半自動」「3発分射」あるいは「全自動」の順になっている。これに対しAK-47（カラシニコフ）のセレクターは、「安全」「全自動」「半自動」の順になっている。旧ソビエト・ロシアが全自動火力を重視している証拠だ。

ストックを肩にしっかり押し付けるように構える。M16ライフルの照準線は高めなので、肩の上端や鎖骨あたりに当てがうこともある。ストックに頬をぴったり付けることで狙いが安定する。右手はピストル・グリップをしっかり握り、左手はハンドガードの最も握りやすい部分に添える。最近ではハンドガード下面のタクティカル・レールに左手で握る着脱式グリップやグリップ／バイポッドを取り付けることも多くなった。マガジンとマガジン挿入口を左手で握る兵士もいる。これは禁止事項となっていないが、マガジンに不要な力がかかるので勧められない。

照準器には数多くの種類があるため、本章ではそれらを用いた場合のサイト・ピクチャーそのものには触れない。標準的な照準器を使う前提で解説する。

フロント・サイトを標的の真ん中にあわせ、標的がリア・サイトの円孔の中心にくるようにする。金属製照準器は、銃身の上方63.5ミリの位置に設けられているため視差が生じる。目で狙う照準線と実際の銃身の延長線が一致していないという指摘だ。15～20メートルの至近距離距離では、この視差を考慮して、標的のやや上を撃たないと狙った点に着弾しない。実際の戦闘で敵を撃つ場合、この視差は実用上、空理空論にすぎない。M16ライフルの照準器に関するより重要な指摘は、照準器の最短射程が300メートルにセットされていることだ。現実の戦場での銃撃戦の大半は、これよりもっと近い距離で起こる。

ターゲットを捉えたら、引き金はそっと引く。全自動モードでもいわゆるガク引きにならないよう注意し、勢いよく引き金を引かない。撃発を予期しないほど柔らかく引くのが望ましい。通常、引き金の抗力は3.4キログラムだが、毎回わずかに違うこともあり得る。単発射撃および短い全自動射撃は必要に応じてこれを繰り返す。

M16ライフルの射撃時の反動は極めて軽い。ストックを顎に当てて撃っても「撫でる程度」の反動しかない。射撃教官の中には反動の軽さを強調するため、ストックを股間に当てて射撃してみせる者もいるほどだ。

銃声も大きくなく、銃口からの発射ガスの噴出もそれほど多くないが、銃身の短い「短縮型M16」のXM177サブマシンガンやＭ４カービンでは増大する。

マガジン内の最終弾を射撃すると、ボルトは後退した位置で停止する。空になったマガジンを取り外し、装塡されたマガジンを挿入する。下部レシーバー左側面のボルト・リリース・レバーを押すとボルトが前進して弾薬を銃身の薬室に送り込む。上部レシーバー右側面後端にあるボルト・フォワード・アシストを軽く叩いて閉鎖を確認すれば、発射準備完了となる。

ジャミング（故障・作動不良）の回復

作動不良が起こった場合は、緊急対処手順を行なう。キーワードは「ＳＰＯＲＴ」で、この略語は手順を覚えるのに便利だ。

1）Slap（スラップ：軽く叩く）マガジン底部を下から軽く叩き、完全に挿入されていることを確認する。

2）Pull（プル：引く）チャージング・ハンドルを目いっぱい引いてみる。

3）Observe（オブザーブ：見る）実包か空薬莢が排出されることを目で確かめる（排莢されない場合は是正措置をとる）。

4）Release（リリース：放す） チャージング・ハンドルを放す（無理に押し戻さないこと）。

5）Tap（タップ：叩く） ボルト・フォワード・アシストを叩き、ボルトが完全に閉鎖されていることを確認する。

6）Squeeze（スクウィーズ：引き金に圧を加える） 引き金を引いて撃発を試みる。

作動不良が起きた場合、原因を特定し、作動不良を解消するための措置をとる。手順は以下の通り。

まずセレクター・レバーを「安全（SAFE）」にセットする。マガジン・リリース・ボタンを押してマガジンを抜き、ボルトを後方に引いて薬室が空になっていることを確認する。次いでライフルを簡易分解し、故障の原因を突きとめる。

故障の原因は主に次のものがある。弾薬のマガジンへの不良装填、薬室への装填不良、ボルトの閉鎖不可、弾薬の不発、薬室からの引き出し失敗、排莢不良などだ。

M16ライフルから実包を抜く手順は以下の通りだ。セレクター・レバーを安全にセットし、マガジンを抜く。チャージング・ハンドルを引いて銃身の薬室に装填されていた弾薬を排出する。排莢した弾薬は、異常がないことを確認してマガジンに入れ直す。排莢孔カバーを閉じる。セレクターが「安全」にセットされていることを再確認する。

この再現写真でわかるように、マガジンを弾薬ポーチと水筒または弾薬ポーチ２個の間に挟み、右手を自然に下げることでM16A1ライフルは楽に携行することができる。これなら瞬時に射撃姿勢をとれるので、不必要なスリングを外してしまう兵士も多かった。ヘルメット迷彩カバー・バンドの下にマガジン装填ガイドが挟んであることに注目。迷彩カバーの穴には官給品のM16ライフル掃除用「歯ブラシ」が差し込んである。(David Trentham)

全自動射撃より有効な半自動射撃

軽量ライフルに共通する特徴だが、XM16E1ライフルやM16A1ライフルは華奢な印象を受ける。発射のときにバッファー・スプリングが発する軽々しい音もこの印象をさらに強めている。M16A2ライフルや後続モデルはいくらか質感が向上したものの、従来のバトル・ライフルであるＭ１ライフル、M14ライフル、ＦＡＬライフルなどの重厚な造りには遠く及ばない。ブラック・ライフルは軽量かつ脆弱なので、ストックや銃剣を武器とする格闘戦には向かない。

全自動射撃モードと３発分射（バースト）には賛否両論がある。３発分射は弾薬の浪費を防ぎ、より正確な射撃が可能だとさ

XM3バイポッドを取り付けたところ。「洗濯バサミ」のような形状がわかる。計画ではこれを各兵士に支給するはずだった。バイポッドはクリーニング・キットとともにカンバスかナイロン製ケースに入れて携帯する（初期量産型M16A1ライフルのストックにはクリーニング・キットを収納する内部スペースが設けられていなかった）。XM3バイポッドはジャングルの枝などに引っかかりやすく、この厄介な代物（しろもの）を使う兵士はほとんどいなかった。（David Trentham）

れている。全自動射撃が望ましい状況もあるが、これは極めて至近距離で起こり、長い連射はほとんど必要ない。

例外は特殊部隊の少人数チームが優勢な敵部隊と遭遇した場合だ。このようなケースでは、ポイントマン（前方警戒員）が、マガジンが空になるまで全自動モードで射撃してから全力疾走で後退する。次いで2番手、3番手、4番手と順繰りにポイントマンと同様に全自動射撃してから後退する。火力で敵が圧倒され、交戦を中断するか、敵を十分に引き離すまでこれを繰り返す。この遅滞行動は「バナナ・ピール」と呼ばれる。教科書通りのバナナ・ピールとまではいかなくても、戦闘部隊のポイントマンが接敵と同時に全自動射撃するのは常識だ。

この写真では薬室内に空薬莢が張り付いた場合の対処法を再現している。上部レシーバー後部のピンを引いて（ピンは完全には抜けない）アクションを開け、チャージング・ハンドルとともにボルト・キャリアーを抜き出す。クリーニング・ロッド（数本をねじ込んでつなげて１本にする）を銃口から挿入し、詰まった薬莢を叩き出したのち再び組み立てる。T字型のチャージング・ハンドルがマガジンの下に置かれている。潤滑油容器の横にあるのがボルト・キャリアー。チャージング・ハンドルは紛失しやすいので注意が必要だ。XM3バイポッドとクリーニング・キット用ケースがマガジンの上の方に見える。（David Trentham）

ベトナム戦争中、兵士たちに「ロックンロール」と呼ばれた全自動射撃は、映画に描かれるほど頻繁には行なわれなかった。見た目の派手さとは裏腹に、弾薬の無駄遣いでしかない。これを証明するため、筆者はある実験を行なった。射撃距離は50メートル。まず30連マガジンから通常の人型標的にフルオートで５～６発ずつの連射を繰り返す。各連射で命中するのは最初の１～２発のみで、残りはターゲットの上を飛んでいってしまう。次はトリガーをできるだけ速く引く半自動射撃で30発撃つ。全弾撃ち尽くすまでの時間はフルオートと大して変らないが、この射撃ではターゲットに28発命中した。

敵を倒すのは命中弾であり、全自動射撃のけたたましい銃声や枝をへし折る流れ弾ではない。また、全自動射撃を続けた場合、作動不良も２倍になるだろう。これは重要な教訓である。

キャリング・ハンドルの長所と短所

フレームと一体成型されたキャリング・ハンドルは、開発当初、よいアイデアだと思われた。携帯に便利なうえ、リア・サイトを収納し保護する役目も果たす。キャリング・ハンドル中央部には穴が開けられており、ここにスコープや暗視装置を装着することもできる。ヘリコプターから下ろされたロープで戦場離脱したり、ロープの吊り橋を渡ったりするときに、スナップリンク（カラビナやナス環）を使って紐やベルトとキャリング・ハンドルをつなげ、スリングなしでライフルを携帯することも可能だった。

全自動射撃を長く続けた場合にキャリング・ハンドルの問題が表面化した。

レシーバーからキャリング・ハンドルに伝わった射撃時の熱で、リア・サイトやスコープに狂いが生じたり、手をやけどしたりする事故が起こった。キャリング・ハンドルを手で持った状態でいるときに敵に遭遇するとスリングで携帯するより対応が遅れる。戦場では即時応戦できる状態でライフルを携行することが望ましいところから、部隊によってはキャリング・ハンドルの使用を禁止した。

1990年代後半からフラット・トップのレシーバーが一般的になり、2009年にはキャリング・ハンドルそのものが支給されなくなった。これにともない使用禁止令は意味を失った。

20発入りマガジンには弾薬19発を詰める

交代要員としてベトナムに送られると、兵士らは師団交代要員トレーニング・センターの配属となり、中古のM16ライフルとマガジンを支給された。ここで最小限のM16ライフル保守整備教育が行なわれた。だが多くの場合、ライフルの照準を調整するだけで、射撃訓練は行なわれなかった。訓練内容も配属される部隊によって異なっていた。

1969年当時、筆者は特殊部隊員だったので、一般歩兵よりも訓練内容は自由裁量が利き、実戦向けの訓練を受けることができた。C（チャーリー）チーム（中隊司令部付き作戦分遣隊）で支給されたのは新品のM16A1ライフルと20連マガジン7個入りカートン2つ。B（ブラボー）チームで弾薬を受け取り、さらに予備マガジンをかき集めた。スリング・スイベルは取り外し、「ブラック・ライフル」の輪郭を分かりにくくするカモフラージュのため、ハンドガード部と銃床には緑色のダクト・テープを巻いた。

配属されたA（アルファ）チームのキャンプで初めてM16A1ライフルを撃ち、射撃後すぐに簡易分解し、規則通りクリーニングした。次に異なる距離にある人型サイズの切り株や丸太などを標的にして200発撃ち、再び完璧にクリーニングした。その後、照準を調整して、さらに100発射撃した。それから分解して隅々まできれいにしたあと、新品のエキストラクター・スプリング（訳注：薬室から空薬莢を引き出すツメのスプリング）を装着した。

マガジンもクリーニングして、各マガジンに19発装填した。この際、弾切れが近いことを知らせるシグナルとして17発目に曳光弾を装填した。曳光弾が発射されると敵にも弾切れを知られる危険があるという指摘もあるが、敵味方入り乱れた銃撃戦のさなかでは、そのような心配は無用だった。

戦場でのM16ライフルの故障

黒は自然界に存在しない色で、森や砂漠、山岳地帯でブラック・ライフルは背景からシルエットが浮かび上がり目立ってしまう。そのため、緑色のテープをハンドガードとストックに貼ってカモフラージュするのが得策だった。だがこのカモフラージュの方法は広く用いられていたわけではない。2000年代に入ると、カラースプレーを吹きかけてカモフラージュする部隊も出てきた。

2010年４月、戦車・戦闘車両および兵器司令部（TACON）は、各部隊の司令官が承認した場合に限り、M16ライフルとM４カービンの迷彩塗装を許可する通達を出した。

筆者の場合、M16ライフルが戦闘中に故障したのは１度だけだった。雨期に入り、雨が数日間降り続いたあとの戦闘で、セレク

M16A1ライフルをスリングで背負い、フッド陸軍基地の崖をロープ降下するテキサス陸軍州兵部隊兵士。1970年代初頭の撮影。（テキサス軍事博物館）

ター・レバーが「安全」の位置から動かなくなった。取り外したマガジンでセレクター・レバーを叩き、「半自動」にセットして発砲した。銃撃戦のあと、潤滑油を数滴垂らして動かしているうちに問題は解決した。

400人からなる攻撃部隊キャンプで、筆者が修理したM16A1ライフルは４挺だけだった。ひとつは壊れたエキストラクター、もうひとつはエキストラクター・スプリングの損傷、あとのふたつは撃針の破損だった。そのため、戦場に出るときは予備の撃針を１本持って行った。

緊急度の低い修理としてはハンドガートの損傷があった。兵が左側に倒れた場合より右側に倒れた時のほうがライフルに直接衝撃が加わるから、とくに右側のハンドガードがよく壊れた。このため右側のハンドガードの交換部品はしばしば不足した。

ベトナム戦争以降は、各兵士は自分のライフルを持って戦場に赴いた。ベトナム戦争当時と違い、現在は部隊レベルの持ち回り制で戦域に派遣されるからだ。正規陸軍の部隊では年2回の射撃検定があり（州兵部隊と予備役は年に1回）、さまざまな実弾を用いた演習も行なわれる。派兵前には大規模な実弾訓練があり、戦域到着後に再び照準が正しく合っているかどうか確かめることも多い。

手入れ不足からくる故障

米陸軍第1歩兵師団の一員としてベトナムで従軍したある兵士は、M14ライフルからXM16E1ライフルに換装されたとき、新型ライフル用クリーニング・キットは中隊全体で6個しかなかったと報告している。これでは100人以上の兵士がまともにライフルを保守することは不可能だ。旧制式のM14ライフル用のクリーニング・キットは口径が異なり使用することができなかった。数週間後、24個のクリーニング・キットが届いて、ようやく各分隊に2～3個ずつ支給された。

作戦中、XM16E1ライフルは、マガジン1～2個分の弾薬を射撃しただけで頻繁に作動不良を起こした。薬室内に発射済みの薬莢が張り付いてしまう事故が多発した。この事故が起こると兵士はレシーバーを開けてボルト・キャリアーとチャージング・ハンドルを取り出し、銃口からクリーニング・ロッドを差し込み、薬莢をたたき出すしか方法がなかった。だが、肝心のクリーニング・ロッドは分隊全員に支給されているわけではなかったのだ。

交戦中に故障したライフルを分解し、チャージング・ハンドルを水田などに落としてなくしてしまう者もいた。また、ある銃撃戦で銃の作動不良が相次ぎ、兵士らは退却を余儀なくされた。もしこの小隊に２挺のM60マシンガンがなかったら、部隊が総崩れになるところだった。

火力支援基地では、半分に切った75リットルのドラム缶にガソリンかＪＰ-４航空機用ジェット燃料を充たして、簡易洗浄機として使った。ここに分解したライフルを入れて洗うのだ。もちろんすぐ手が届くところに消火器が置かれ、タバコを吸う者が近づかないよう歩哨が警戒した。このクリーニング方式のせいで、皮膚が荒れ、腕に発疹が現れた兵士もいた。

当初、7.62mm口径用のクリーニング・パッチ（銃身内掃除用の木綿の裁断布）しかなく、これは大きき過ぎてそのまま使うと銃身に詰まってしまうので、４分の１に切らないとM16の掃除に使えなかった。

M16ライフルの独特な銃声

第４歩兵師団のある兵士はエキストラクターが壊れた際、負傷兵の小銃を借りて撃ち続けた。すぐ射撃反動が異常に強いと気づいたが、ほどなく撃針が折れてしまった。射撃不能になってしまった２挺を持って基地に戻ると、必要な交換部品がない。そこで部隊の兵器係は別の負傷兵のライフルからエキストラクターを調達して応急修理した。故障した小銃はバッファーも作動しておらず、このため発射時の反動とストレスが大きくなり、撃針の破損

1968年、テト攻勢の最中、サイゴン市内で戦闘中のベトナム共和国陸軍レンジャー部隊員。手前から３人目は40mm M79榴弾発射銃を携行している。M79担当の兵はライフルを携帯しないため、分隊の点目標に対する火力が減少する。これを補う目的で、M16ライフルの銃身下に取り付けられるM203榴弾発射器が開発された。（US Army）

につながったものと考えられる。

第３軍団機動攻撃部隊（MIKE Force）のある隊員は、戦闘の小康状態を利用して行なわれた射撃訓練で作動不良を経験した。彼のXM177E2ライフルは、発射後に排莢せず撃鉄もコックされなかったため、１発撃つごとに手動でチャージング・ハンドルを引いて排莢と再装塡を行なわなければならなかった。分解すると、ガス・キーをボルト・キャリアーに固定するネジがゆるんでいることが判明した。このため、ボルトを作動させるのに十分な量の発射ガスがボルト・キャリアーに流入しなかったのだ。通常ガス・キーのネジはきつく固定されており、ゆるんだ原因は不明だった。いずれにせよ銃撃戦の最中でなく射撃場で問題が発覚したのは幸いだった。この兵士はボルト・キャリアーをM16A1ライフルのものと交換し、以後ベトナムを離れるまで、ライフルは良好に作動した。

1963年、ベトナム共和国陸軍の各歩兵大隊に１名の米陸軍軍事顧問（大尉）が配属された。ほかのミリタリー・アドバイザーと同様、米陸軍軍事顧問の大尉もM16ライフルを支給されていた。当時、南ベトナム軍はまだＭ２カービンとＭ１ライフルを装備しており、弾薬が異なるのは兵站面から見て大きな問題だった。しかし、軍事顧問の任務は助言と補佐が目的で戦闘ではないことから、補給の心配には及ばないとされた。

支給されるマガジンは、ライフル１挺あたり６個しかなかったので、万一に備えて予備の5.56mm弾薬箱を多数携行した。彼ら軍事顧問が見落としていたのは、M16ライフルに特有の銃声だった。メコンデルタで掃討作戦を展開中、大隊の側面にベトコン（南ベトナム解放民族戦線）主力部隊が攻撃をしかけてきた。現場に駆けつけた軍事顧問の米軍大尉も銃撃戦に巻き込まれて発砲。同時に敵の応射が激しさを増した。移動して射撃するが、そのたびに集中攻撃を受け、窮地に陥った。M16ライフルの独特な銃声に向けて撃ってくるのはベトコンだけではなかった。自分たちの武装と異なる銃声に向かって南ベトナム軍からも銃弾が飛んできたのだ。たまらずこの大尉は戦闘から離脱し後退した。次の任務から大尉がＭ２カービンを携行したのは賢明な判断だったといえる。

M16ライフルに対する相反する評価

第5海兵連隊のある兵士によれば、1967年4月、M14ライフルの返納と引き替えにXM16E1ライフルと6個のマガジンを支給された。このとき、ブラック・ライフルのメンテナンスに関するトレーニングは皆無だったという。クリーニング・キットは十分にあり、作戦行動に出る前には照準調整と試射の機会を与えられた。最初、軽量なブラック・ライフルは海兵隊員らに好評で、クレームはマガジンの数が少なすぎるくらいのものだった。

ところが間もなく深刻な作動不良に直面した。連日クリーニングを欠かさなかったにもかかわらず問題が続いた。対する軍の調査団は、クリーニングが不十分なことが原因だと主張した。海兵隊員たちは、軍上層部がライフル以外に責任を転嫁しようと躍起になっていると考えていた。M16A1ライフルの支給から5カ月後、ようやくマガジン不足が解消された。

1967年8月、科学技術のトピックを紹介する月刊誌『ポピュラー・サイエンス』が「ベトナム戦争における新型ライフルは本当に性能がよいのか？」と題する記事を掲載した。このなかで記者のハーバート・ジョナサンは、ある海兵隊員が両親に書き送った手紙を引用している。

「沖縄を出発する前に、ぼくたちは全員、新型のM16ライフルを支給された。戦死した仲間たちのかたわらには、必ずといっていいほど、分解されたM16があった。故障を直している最中に殺られたんだ」

ジョナサンは議会の調査団に同行し、十数人の戦闘経験者にインタビューした。その結果、次のように報告している。

「M16の故障が原因で戦死したケースは存在する。しかし私が話を聞いた復員兵の中では、作動不良を体験したのはひとりだけだった。風が強い日に砂がエキストラクターに吹き込んだために起こった故障だった。彼は１分以内に分解、修理、組み立てを完了し、戦闘に復帰した。この１分間が生死の分かれ目だったのだ」

また、捕虜になったベトコン兵士が次のように語ったと付け加えている。

「われわれにとってはＢ52爆撃機と、あのブラック・ライフルがなにより恐ろしかった」

これでわかるように、M16ライフルに関する体験には相反するものがある。同じことはM16ライフルが使われたあらゆる戦争においていえる。湾岸戦争（1991年）でM16Ａ1ライフルとM16Ａ2ライフルが使用され、砂塵とほこりが深刻な問題を引き起こすことが判明している。砂対策として銃口カバーが支給されたが、コンドームも代用品として広範に使われた。

オイルの使いすぎは、砂塵やほこりを集めて目詰まりの原因になった。乾式潤滑剤も必ずしも有効でなかった。サウジアラビアに派遣された将兵は、湾岸戦争開戦までの期間、砂との戦いに苦労した。幸いイラク領内での地上戦は100時間と短かったので、重大な作動不良はほとんど起こらなかった。もちろん、砂漠環境でM16ライフルに必要なメンテナンスを事前に学んでいたことも大きかった。

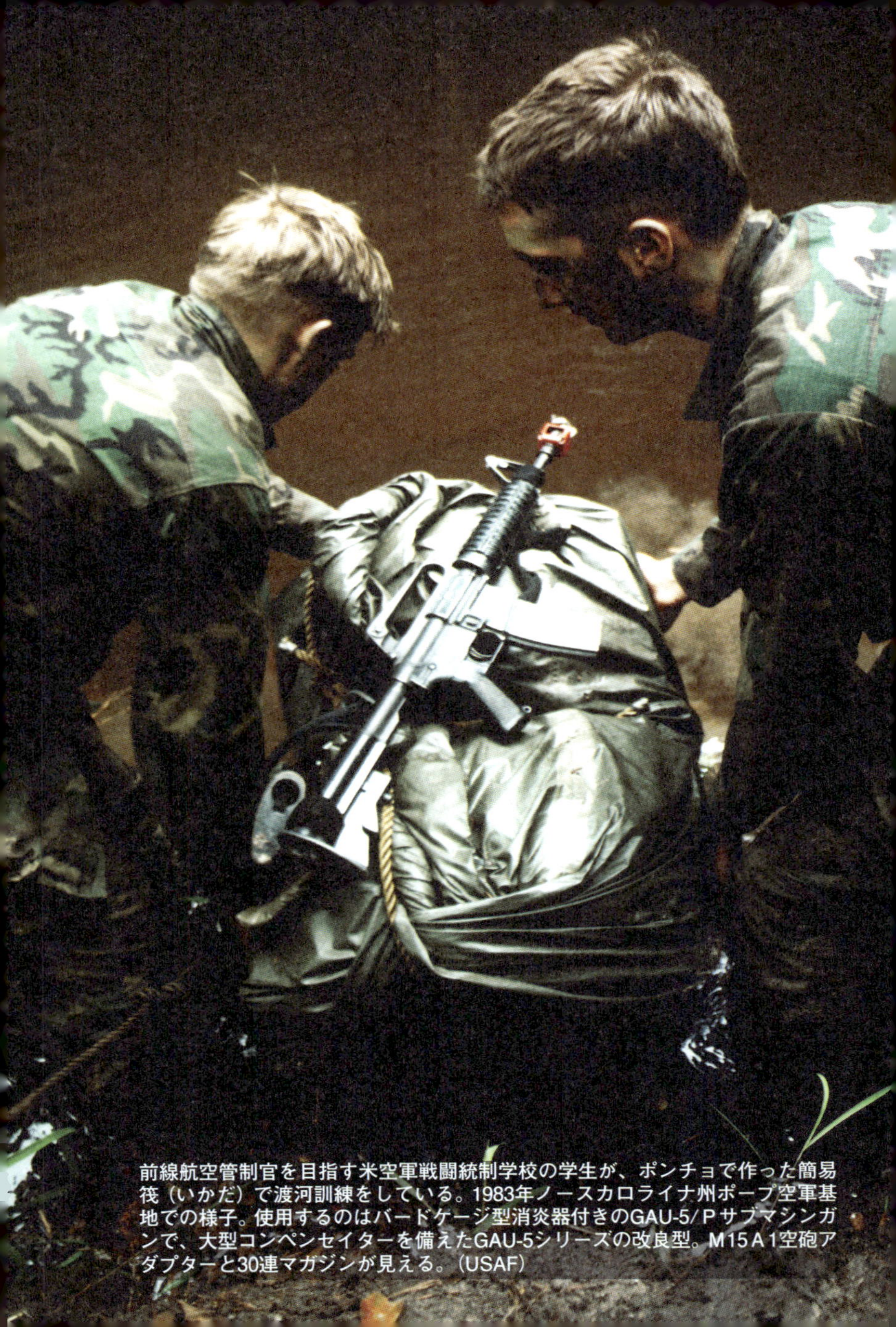

前線航空管制官を目指す米空軍戦闘統制学校の学生が、ポンチョで作った簡易筏（いかだ）で渡河訓練をしている。1983年ノースカロライナ州ポープ空軍基地での様子。使用するのはバードケージ型消炎器付きのGAU-5/Pサブマシンガンで、大型コンペンセイターを備えたGAU-5シリーズの改良型。M15A1空砲アダプターと30連マガジンが見える。（USAF）

M４カービンの問題点

1993年ソマリアの首都モガディシュオで起きた戦闘で、アンフェタミン系の「カート」と呼ばれる興奮剤を摂取した民兵を倒すのに、６～10発の命中弾が必要だったとの報告が多数寄せられた。なかには40発必要だったとする報告も１件あった。モガディシュオの戦いでは砂塵による作動不良も発生した。

海軍分析センターが行なった2006年の調査によると、75パーセントの将兵がM16ライフルにおおむね満足し、M４カービンでは88パーセントが満足と回答した。他方、19パーセントの将兵が戦闘中に射撃不能事故を経験したと報告している。

戦闘または派兵先の実弾訓練・試射でM４カービンやM16A2ライフル、M16A4ライフルを使い、まったく問題がなかったと返答したのは50パーセント以上にのぼった。オリジナル部品以外を使って修理された銃はシリアル・ナンバーの最後につけられたXで判別されるが、これらの作動不良発生率はオリジナルの銃より高かった。

同調査時に、将兵の25パーセントがM４カービン、49パーセントがM16ライフルを装備していた。ほかの将兵は、M９拳銃かM249分隊支援火器で武装していた。現在、M４カービンの占める割合はこれより高くなっている。

多くの将兵から寄せられた共通の要望には、より耐久性のあるマガジン、マガジン容量の増加、口径の増大、よりストッピング・パワーの大きな弾薬などがあった。M16ライフルを携行する兵士たちは、軽量で使い勝手のよいM４カービンの支給を強く求めたが、一方で、M４に対するクレームもあった。欠点として指摘されるのは、過熱しやすいことと部品が破損しやすいことだ。

M4カービンおよびM16A2/A4ライフルに対する兵士の満足度（%）　（アフガニスタン／イラク、2006年）

	M4	M16A2/A4
全体的評価	88	75
弾薬	79	79
使いやすさ	90	60
射撃精度	94	89
射程	92	88
発射速度	93	88
訓練の容易さ	85	82
保全性	87	82
クリーニング・キット	75	68
耐食性	80	70
付属品	86	75

2008年７月、アフガニスタン東部の米軍前哨基地が制圧されかかったワナトの戦いで、Ｍ４カービンを３発分射（バースト）モードで毎分90〜150発撃ち続けた。これはM240マシンガンで制圧射撃を行なうときの弾薬量に匹敵し、急激な過熱と部品の破損が発生した。ある兵士はこの戦闘中に３挺のＭ４カービンを駄目にしたほどだった。

毎分15発以上で撃ち続けると、170発目あたりから薬室に装填された弾薬が過熱で自然着火し、弾丸が発射されることが判明した。毎分90発の最大発射速度では、540発目くらいで熱を帯びた

O POS

2008年「不朽の自由作戦」（前ページのイラスト）

アフガニスタンとイラクに展開した米海兵隊はM16A4ライフルとM4カービンで武装している。最初、海兵隊はM4カービンを採用しないはずだった。その後一転して、9mm口径のM9拳銃を自衛火器としていた兵士と榴弾手の全員、加えて歩兵部隊の一部にも支給された。

光学照準器、暗視装置、レーザー照射器、前部ハンドグリップやバイポッドなどのアクセサリーの種類と取り付け位置に関しては、各兵士に大幅な選択の自由が与えられた。

左から3人目の兵は40mm口径 M203A1榴弾発射器をM4カービンの銃身下に装着している。この榴弾発射器はM16A4ライフルにも装着できるが、より軽量なM4とのコンビネーションのほうが兵士に好評だった。ハンドガードに取り付けられたオリーブドラブ色の箱型の装置はAN/PEQ-16で、発光ダイオードの白色光、赤外線レーザー、可視レーザーを照射する照準補助装置。バッテリーの寿命は約2週間。リア・サイトを収納したM16A4カービンの着脱式キャリング・ハンドルはすでに支給されていないため、さまざまなメーカーの高性能戦闘光学照準器（ACOG）がM16A4ライフルやM4カービンの照準装置として使用された。イラストはAN/PVQ-31A（M16A4ライフル用）とAN/PVQ-31B（M4カービン用）で対物レンズの直径32ミリで倍率×4のスコープ。非常用として着脱式のバックアップ・アイアン・サイトも支給されている。

右端の兵のM16A4ライフルにはAN/PEQ-2レーザー照射器が取り付けられている。2種類の赤外線レーザー・エミッターがあり、ひとつはライフルの照準用で、もうひとつはターゲットに照射しミサイルやスマート爆弾を誘導するためのものである。これらから照射されるビームは、暗視ゴーグルなしの裸眼では見えない。AN/PEQ-16も同様だ。

いちばん左の兵と右から2番目の兵がそれぞれ右腰に付けているのは、通称「ゴミ捨てポーチ」で、発射後の空マガジンを投げ入れる。しばしばペットボトル飲料水の携帯袋にもなった。

銃身が反って曲がり、発射ガスが弾丸の周囲をすり抜け始める。このあと銃身はわずかながら垂れ下がり、600発を超えると銃身が破裂するおそれがある。

戦場からしきりに寄せられるクレームに応えて、2007年に猛烈な砂塵を想定したテストが行なわれた。テストの結果、M16ライフルとＭ４カービンの代替品候補で、2005年にキャンセルされたXM８ライフルの作動不良発生率は６万発につき127件。同じく６万発あたりの作動不良発生率は、FN Mk16 Mod0ライフルで226件、H&K HK416で233件、Ｍ４カービンは882件と群を抜いて高かった。

5.56mm弾薬に関する俗説

命中した5.56mm弾丸による銃創が惨（むご）たらしいのは事実だ。一方、命中しても軽傷しか負わない場合もある。ここからM16ライフルは殺害ではなく負傷させることを目的に作られているという俗説が生れた。

負傷兵を後方に運ぶためには最低２名の兵士が必要となり、敵側の衛生部隊の人的資源が圧迫され、士気も低下するという「理屈」だ。だが経験から士気の低下は負傷よりも仲間が殺されたときのほうが大きい。

軍の方針が単に敵兵を負傷させることだった前例はない。負傷した敵といえどもまだ反撃する力を残しているかもしれない。負傷者を囮（おとり）に仲間をおびき寄せ、敵がそこを狙ってくることはあっても、それは状況を利用しているにすぎない。銃器設計者が敵を負傷させることだけを目的に武器を開発することはないのだ。

ベトナム戦争中、反戦活動家たちは「厳密に言えば、5.56mm

口径M193普通弾は『ダムダム弾』だ」と主張した。これは明白に誤りだ。命中弾丸が体内で横回転や不安定な進路をとることは回避できないもので、このような運動をする弾丸を禁止した戦時国際法は存在しない。ダムダム弾とは、命中した兵士により大きな苦痛を与えるため意図的に改造された弾丸を装着した弾薬だ。弾丸の先端(弾頭)をヤスリで削ったり、弾芯に届く穴を穿ったりしたもので、命中後弾丸が広がって分散し大きな損傷を与える。

各種の5.56mm弾が反対派に「電動丸ノコ弾」とか「肉切り包丁」などと呼ばれ、飛翔中左右に頭を振り、命中後は横転回転しながら貫通するとされてきたが、現実にはやや異なる。一般に小口径高速弾の弾丸は弾頭が軽く弾底が重い。この不均衡から元来不安定なのだ。弾丸は重い方を先にして飛んでいこうとする傾向がある。これを是正して先端を前方に保つのがライフリングだ。弾丸に軸回転を与え、ジャイロ効果で弾道を安定させるのだ。

弾丸は、飛翔中に弾頭を振ることはあっても横回転はしない。一方、弾丸が軽量なことから、小枝に接触しただけでも跳弾になってしまう。跳弾になると、弾丸は横回転して照準した弾道から大きく外れて飛んでいく。はずみで弾丸全体がバラバラに分解されて飛散することもある。同様の現象は、弾丸が建材の石こうボードや窓ガラスを貫通したり、人体から飛び出したりするときにも起こる。

横転弾の俗説は、射撃訓練の標的紙に鍵穴のような弾痕が見られることで広まった。弾頭は標的紙に命中する前からすでに横を向いていたとする推論だ。実際は、とくに標的紙までの距離が近い場合、命中と同時に弾丸が横転し、鍵穴形の弾痕を残すというのが真相である。

バイヨンヌに駐屯するフランス第1海兵歩兵落下傘連隊の特殊部隊員。2001年の撮影。構えているのはM203A1榴弾発射器を装着したM4カービン。カモフラージュ塗装が施されていることに注目。今や銃の塗装は一般的になってきているが、部位によってはペイントしないほうがよい。たとえば銃身（熱で塗装が焼けてしまう）、照準器（調節がしにくくなる）、そしてマガジン（確実な装着ができなくなる）である。（Jose Nicolas）

人体に当たった場合も軽量高速弾頭は不安定になる。命中時の角度と速度、着用する衣服、装備品、細胞組織、筋肉、臓器、間隙、骨などの層を通過するかによって異なるが、衝突の瞬間に安定を失った弾頭は密集した細胞組織内を100～130ミリほど進み、重い弾底を先に向けようとする。重心を軸に弾丸が前後180度向きを変えることもある。

しかし、横回転をしながら弾丸が「電動丸ノコ」のように人体

現在、5.56mm弾は分隊レベルのすべての火器に使われている。４名からなる海兵隊戦闘班では、３名がM16A4ライフルを使用。うち1挺はM203榴弾発射器付きである。残りの１名は5.56mm分隊支援火器M249（SAW）で武装する。写真では班長が自ら先頭に立ち、部下を率いて前進している。M16A4にはM15A2空砲アダプターが装着されている。静岡県キャンプ富士における演習の様子。（USMC）

を切り裂くようなことは起こらない。この弾丸にはグルーブ（薬莢圧入溝）と呼ばれる浅い溝が切られている。薬莢の先端をここに食い込ませて固定するための溝だ。命中後、骨に当たった場合、弾頭はこの溝で２つに割れ、鉛の弾芯と被覆の破片を飛散させる可能性がある。これは射程が100メートル以下で、命中時のスピードが速い場合はとくに起こりやすい。

銃身が368ミリ以下のXM177シリーズ・サブマシンガンやM４カービンなどでは、弾速が遅いため、普通弾頭が二分する現象は起こらない。この現象は物理法則の結果であって、弾薬設計の際に意図されたものではない。

弾丸が安定を欠く軽量高速弾は、戦場にある多くの遮蔽物を貫通できない。これは5.56mm弾の大きな欠点でもある。以下の遮蔽物は、50メートルの距離で発射された5.56mm弾を止めることができる。

土嚢1層、レンガ1層、厚さ51ミリの無補強コンクリート壁、約200リットルの砂か水の入ったドラム缶、砂を詰めた小火器用弾薬箱、空間に砂を詰めた軽量コンクリート・ブロック（ブロック自体は割れるかもしれない）、45度に傾斜させた厚板ガラスなどである。

M16ライフルのライフリング転度

弾丸重量と同様に銃身のライフリング転度は弾道の安定および精密射撃性能に影響を与える。M16ライフル、M16A1ライフル、XM177シリーズのサブマシンガン、M231FPW（訳注：歩兵戦闘車の銃眼から射撃するM16の派生型。80ページ参照）は、いずれも5.56mm口径 弾丸重量3.56グラムのM193普通弾を発射する。ライフリング転度は、12インチで1回転する「1-12」だ。

1980年、NATO標準弾薬に準じた弾丸重量4.01グラムのM855普通弾が採用された。この弾薬にはスチール製弾芯が挿入されているため、貫通性能が若干向上した。M193普通弾の弾丸との重量差は、わずか0.45グラムに過ぎないが、この「重い」弾丸はライフリング転度「1-9」で飛翔が最も安定する。だがM16A2ライフル、M16A3ライフル、M16A4ライフル、M4カービン、M249分隊支援火器（SAW）のライフリング転度は「1-7」とされた。ライフリング転度「1-9」は3.56～4.53グラムの弾丸に最

5.56mm口径M855普通弾貫通力比較

（射撃距離25～100m）

「初期貫通」は穴を穿つために要した弾数。「小窓貫通」は銃が撃てる大きさの穴を空けるのに必要な弾数。

素　材	貫通に必要な弾数	
厚さ203ミリの鉄筋コンクリート	初期貫通	35
厚さ203ミリの鉄筋コンクリート	小窓貫通	250
厚さ356ミリの３層レンガとモルタル	初期貫通	90
厚さ356ミリの３層レンガとモルタル	小窓貫通	160
厚さ305ミリのコンクリート・ブロックとベニヤ板	小窓貫通	60
厚さ305ミリのコンクリート・ブロックとベニヤ板	突破口貫通	250
厚さ305ミリの砂を詰めた軽量コンクリート・ブロック	小窓貫通	35
厚さ229ミリの２層レンガ壁	初期貫通	70
厚さ229ミリの２層レンガ壁	小窓貫通	120
厚さ610ミリの２層に積んだ土嚢	初期貫通	220
厚さ406ミリの丸木を組んだ壁	初期貫通	1～3
厚さ9.52ミリの軟鋼板製ドア	初期貫通	1

（出典:『CALL Newsletter』（訳注：陸軍の戦訓を掲載する機関紙）「市街戦における戦闘」1999年11月刊）

適であるのに対し、ライフリング転度「1-7」は2.59〜3.88グラムの弾丸で最も弾丸の飛翔安定に効果がある。M855普通弾とM856曳光弾の両方を支障なく射撃するための妥協策としてライフリング転度「1-7」が選択された。

弾丸重量とライフリング転度の適合性には重複部分がある。あるライフリング転度に最適な弾薬を、ほかのライフリング転度の銃で撃つのは危険だとするのは誤りで、安全性にはまったく問題ない。命中精度はやや落ちるが、射程100メートル以下の戦闘射撃では問題にならない程度に収まる。

M16ライフルによる銃創の極端な例

しばしばベトコンと北ベトナム陸軍は、鹵獲したM16A1ライフルを使用した。その結果、ブラック・ライフルがAK-47／AKMより軽量だが連射速度が速いこと（必ずしも長所ではない）を知った。M16A1ライフルを賞賛する数々の言葉にもかかわらず、ベトコンと北ベトナム陸軍は、より堅牢で信頼性が高く、貫通性能に勝るAK-47／AKMを選択・使用した。彼らは両銃の比較のため射撃展示を行ない、兵士たちに実証して見せた。

著者はM16ライフルによる銃創の極端な例も目にしてきた。特殊部隊Aチーム（アルファ作戦分遣隊）の仲間が、鹵獲したM16A1で武装したベトコンに至近距離から撃たれたことがある。弾頭は右上腕部を貫通。骨に当たらずに抜けた、いわゆる「きれいな」傷で、筋肉組織もほとんど無傷だった。この兵士は1週間もせずに戦線に復帰した。

北ベトナム軍兵士が至近距離から複数の命中弾を受けて死亡したケースでは、胸に少なくとも3発の致命傷があった。別の1発は手首の裏側に当たると、上に向きを変えて進み、弾の通った跡が引き裂かれて骨が露出し、弾頭が肘のやや上から飛び出した勢いで、前腕はちぎれていた。命中と同時に弾頭が横回転した結果、このような悲惨な結果になったのだろう。

携行弾薬量

陸軍兵士が携行するM16ライフルの基本的な弾薬量は20連マガジン９個の計180発。旧制式のM14ライフルの場合は20連マガジン５個のみだった。M14用マガジンが２個入るM1956マガジン・ポーチは、M16のマガジンが４個収納できた。

多くの兵士は、M1956マガジン・ポーチに救急処置用の包帯を入れて底をかさ上げし、M16マガジンを取り出しやすく工夫した。ベトナムでは、各兵士が13〜20個強のマガジンを携行したので、マガジン・ポーチが品薄になり、代わりに収納ポケットが７つ付いた弾薬ベルトを１〜２本を携帯した。さらに戦闘服のポケットにマガジンを１個ずつ入れて携行した。

1968年になって、M14ライフル用ポーチを短くしたものが支給され、ほどなくナイロン製M1967ポーチが支給された。特殊偵察チームは複数の水筒ポーチに各５個のマガジンを入れる方法を好んだが、ほかの部隊ではブローニング・オートマチック・ライフル（BAR）用のM1937弾帯のポケット６つに、M16用マガジンを各４個入れて携行した。弾帯のポケットにほかの物品を入れることもあった。

M16ライフルを最初に支給された海兵隊部隊では、マガジンは各自３個のみということが多かった。全自動射撃はもちろん、半自動射撃でもマガジン３個ではあまりに少なすぎた。戦闘に必要

第６海兵連隊の兵士。2004年アフガニスタンで撮影。左の兵のM16A4ライフルには、AN/PEQ-2赤外線照射器が右側面に、ハンドガード下面に白色光フラッシュライトが付いている。右の兵はマークスマン・ライフル（SAM-R）を構えている。これは特殊部隊が使用するMk12Mod0/1特殊用途ライフル（SPR）に類似したライフルだ。508ミリの精密射撃用バレルとTS-30A2スコープ（リューポルド社製Mk4M3倍率3〜9光学照準器）、AN/PEQ-2改良型アイアン・サイト、それにバイポッドを取り付けた改良型M16A4ライフルで、緊急時には限定的に全自動射撃が可能。（USMC）

な残りの弾薬は20発入りカートンのまま支給された。

1967年の中頃になってようやく支給された７つのポケットが付いた弾帯には、マガジンに素早く装塡するためのストリッパー・クリップ（各10発）が付属品として含まれていた。それまで海兵隊が使っていたのは、M14ライフルのマガジンを１個収納するM1963ポーチで、このポーチはM16ライフルのマガジン用には流用できなかった。そこで海兵隊員らは、M1953防弾チョッキの大型ポケットにマガジンを入れた弾帯を押し込むか、陸軍のM1956マガジン・ポーチを調達して使った。

ほどなくして5.56mm弾は140発入りのＭ３弾薬ベルト（10発入りストリッパー・クリップが14個）で支給されるようになった。金属ケースの中にＭ３弾帯が６個（計840発）入っており、この金属ケースが木箱に２個収納されていた。

個人装備携行ギア（装具）

1970年代初頭、30連マガジンが登場し、新しいマガジン・ポーチが必要となった。1975年にＡＬＩＣＥと呼ばれる個人装備携行ギア（装具）が開発された。これに取り付ける新型ポーチは30連マガジンを３個収納可能で、ＡＬＩＣＥよりひと足早く1974年末に支給された。支給によって、マガジンは各自７個に増え、携行弾薬総数は210発となった。

1988年になって、ＡＬＩＣＥは個人用戦術装備携行ベスト（ＩＴ

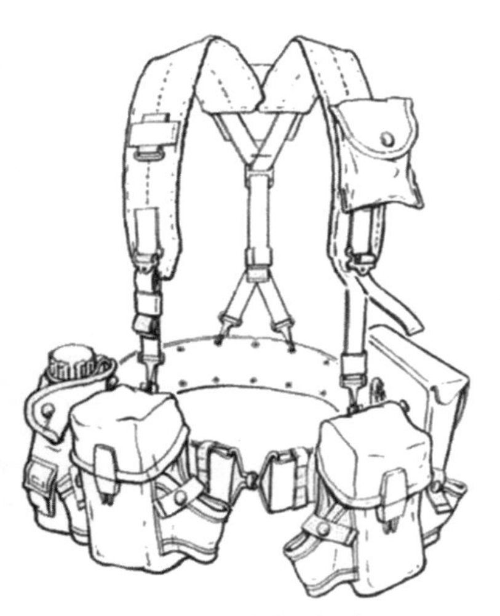

ALICE個人装備携行ギア

ITLBV個人用戦術装備携行ベスト

LBV）または個人用統合戦闘システム（IIFS）として知られる新型ギアに換装された。これにはマガジン２個用ポケット４つと、マガジン１個用ポケットが２つ備えられていた。

MOLLEモジュール式軽量装備携行ギア

ALICEとITLBVは海兵隊も採用し、ポケットが７つだった弾帯はポケット４つに変更され、各ポケットには10発入りクリップが３つ入っていた（計120発）。この後継になったのがモジュール式軽量装備携行ギア（MOLLE：「モリー」と発音）で、2001年までに広く配備された。MOLLEは兵士が必要に応じ、装備品をさまざまな位置に取り付けられる。歩兵が使う標準的形態では、マガジン２個用ポーチが３つとポケットが３つの並列式ポーチ２つで計12個のマガジンを携行した。このほかにも追加ポーチを付けることができ、水筒／多目的ポーチにもマガジンを５個入れることができた。

海兵隊はMOLLEを採用し使用していたが、2005年に改良型装備携行ギア（LIBE）に切り替えた。これはマガジン２個用ポーチ３つとマガジンの即時再装填用ポーチを備えている。LIBEのベストとは別に、海兵隊モジュール式タクティカル・ベスト（MTV）にも追加ポーチを取り付けることができる。兵士の中には予備マガジン用「ストック・ポーチ」を自費で購入し、ストックに取り付けている者もいる。

法執行機関でもM16ライフルを採用

M16ライフル、Ｍ４カービン、そしてＣＡＲ-15サブマシンガンの使用する機関にはＦＢＩやＣＩＡ、税関・国境警備局など連邦政府機関のほか、多くの警察や保安官事務所、テキサス・レンジャーなどがある。使用されている銃の多くは新規購入されたものだが、軍の払い下げ品もある。これは1990年代以降、犯罪者らが市販のＡＫ-47やM16などいわゆる「アサルト・ライフル」を使い始めた結果だ。

この事実を如実に示したのが、1997年にノース・ハリウッドで起きた銀行強盗未遂事件だ。麻薬を服用した２人組の強盗は、防弾チョッキを着用のうえ、フルオート射撃ができるよう改造された市販のＡＫ-47系ライフル、ＨＫ41半自動ライフル、ブッシュマスターＸＭ15（全自動）ライフル、そして９mm口径の拳銃で武装していた。

銀行に押し入るところをロサンゼルス市警の警官に目撃され、44分間に及ぶ銃撃戦となった。駆けつけた十数人の警官は９mm口径と.38口径の拳銃、散弾銃１挺で武装しているだけだった。近くの銃砲店からＡＲ-15を借り受けて応戦する警官もいたが、相手の火力には及ばず、M16で武装したＳＷＡＴ隊員が到着しても状況が好転しなかった。最終的に逃亡を試みた２人組の強盗は複数の命中弾を受けて射殺された。事件終結までに警官11人と市民７人が負傷。発砲数は犯人側1100発、警察側650発にのぼった。

この銃撃戦をきっかけに警官に強力な火力を与えるべきかどう

車両から２挺のＭ４カービンを取り出しているSWAT隊員。2007年、ネブラスカ州オマハ市のショッピング・モールで起きた無差別銃撃事件では、犯人を含む９人が死亡した。Ｍ４にはドット・サイトが付いている。（Chris VanKat）

かの議論が起きた。ノース・ハリウッド事件ほど極端ではないものの、過去にも犯罪者の火力が警察に勝る事件は複数発生していた。

ノース・ハリウッド事件から６カ月後、国防総省は600挺のＭ16ライフルをロス市警に供与した。ライフルは、パトロールを担当する巡査部長らに支給された。この先例にならいアメリカの多くの警察がM16ライフルやＭ４カービンを配備するようになった。これらのライフルやカービンには、市販タイプの派生型も数

Ｍ４カービンとM16Ａ2ライフルで武装するテキサス州の警察SWAT隊員。写真のカービンは軍用Ｍ４カービンより銃身が若干長い。この２人は2005年、ハリケーン「カトリーナ」で壊滅的打撃を受けたルイジアナ州ニューオリンズに治安維持のため派遣された応援部隊のメンバーである。（C.J.Harper）

多く含まれており、全自動射撃と半自動射撃が切り替えられるものと半自動のみのものがある。

正規の軍隊と法執行機関以外でも、民兵、テロリスト、犯罪組織、そしてゲリラなどが世界中でM16ライフルとその派生型を使用している。これら非正規武装集団の多くはAK-47を好むが、入手が容易なM16ライフルとその派生型も広く使われている。多くは盗まれたり、戦利品だったり、ブラックマーケットで購入したものだ。横流しされた中南米諸国の軍用M16ライフルも多い。

メキシコに流れ込む大量のM16ライフルも、非合法ルートを通じて入手されており、アメリカ国内から流出したものではない。M16ライフルは、もともとはアメリカの対外有償軍事援助（政府間購入）の一環として送られたものか、アメリカ製武器購入のため外国政府に供与される海外軍事融資助成金で賄われたものが多い。

第5章
M16の後継機種

AK-47と人気を二分するM16ライフル

M16ライフルは、アメリカ軍が採用した小火器の中で最も評価の分かれるものだろう。ほかに例を見ない多くのトラブルに見舞われ、最も批判にさらされた銃のひとつでもある。

同時に、アメリカ軍制式銃の中で生産数が突出している。あらゆる派生型を含めると、現在までに推定800万挺が作られ、製造はいまも継続されている。この推定生産数は、カナダ、韓国、フィリピン、シンガポールなどでのライセンス生産を含む。ほかに無許可で模造された中国製「CQ-556」やイラン製「DIO-S 5.56」、フィリピン製「アルマダ」、スーダン製「テラブ」などは推定生産数に含まれていない。

M1カービン、M2カービン、派生型のカービンの総生産数は625万挺。M1ライフルとその派生型は合わせて404万挺。M14ライフルと派生型は140万挺だ。世界で最も大量に生産された近代的小火器はAK-47シリーズ・アサルト・ライフルで、推定7500万挺が生産された。加えてAK-47シリーズの軽機関銃タイプやサブマシンガン・タイプなどの派生型は2500万挺が生産されたと見られる。

M16ライフルは1960年代中頃以降、陸軍と海兵隊の代表的な個人武器であり、その地位は当分のあいだ揺るがない。アサルト・ライフルの代名詞となった「ブラック・ライフル」もM16ライフルが原点だ。バトル・ライフル、カービン、サブマシンガン、マークスマン・ライフル、精密射撃競技用ライフル、歩兵戦闘車の銃眼用ライフルとして使われてきており、M79榴弾発射銃と並んでベトナム戦争を象徴する武器でもある。M16ライフルとM4カービンは、アメリカの銃器文化のシンボルといっても過言ではな

銃声を減ずるサプレッサーとドット・サイト、前部グリップを追加装備したテキサスSWATチームの市販版M４カービン。垂直グリップを付けると全自動射撃時のコントロールが容易になる。弾薬箱の中は.45ACP弾。（C.J.Harper）

い。5.56×45mm弾を使用するライフルとして世界一の生産数を誇る。NATO加盟国中15カ国が採用し、そのほかにも80カ国以上で使われている。いささか楽観的な数字だが、このうちの約90パーセントはいまも現役で活躍中と考えられる。

すでに述べたとおり、M16ライフルとM４カービンは法執行機関で広く使われているほか、5.56mm口径射撃競技や警察タイプのアサルト・ウェポン競技会に出場する民間人射手らにも絶大な人気がある。

M16系ライフルを改造したり、バージョンアップしたりするためのアクセサリーやマガジン、パーツも無数に出回っている。AR-15ライフル、M16ライフル、M4カービンに対する熱烈な支持は、銃器愛好家サークル内で「ブラック・ライフル病」と呼ばれている。また、M16ライフルとM4カービンのレプリカは、ペイントボール用やエアソフトガンとしても製造されている。ブラック・ライフルを害獣駆除や小動物狩猟に使うハンターもいる。

「AR-15」と「M16」は商標ではない。だが、ブラック・ライフル病の蔓延で、M4と名付けた模造品が多数出回り始めたため、コルト社は「M4」を自社の登録商標だと主張してきた。ブッシュマスター社を相手取ってコルト社が起こしたトレードマーク侵害訴訟に対し、2005年12月、メイン州地裁判事は「M4」はブランド名ではないとの判決を下し、コルト社の商標登録を無効とした。

汚名を着せられることが多かった5.56×45mm弾だが、いまでは小銃・機関銃用の7.62×51mmNATO弾とソビエト／ロシアのAKシリーズ・アサルト・ライフル用の7.62×39mm弾、拳銃とサブマシンガン用の9×19mmパラベラム弾と並んで世界で最も多用されている軍用弾薬である。

1980年以降はNATO制式標準弾薬のひとつとなり、多くの国々で使用されている。性能的限界と欠陥はあるが、改良と進化はいまも続けられている。

M16ライフルとM4カービンによって倒された者は数知れない。なかでも最も悪名高い標的は、国際テロ組織アルカイダの最高指導者オサマ・ビン・ラディンだろう。海軍特殊戦部隊シールズが使用するHK416カービン（M4A1の改良型）あるいはコル

1993年、ガザ地区のイスラエル兵士。2人ともM4カービンで武装している。手前の兵士の銃にはゴム弾発射器が取り付けられている。40mmの半硬質または硬質の弾丸を発射する。弾頭の先端が丸くなった「非致死性」暴動鎮圧用弾薬だが、死亡事故もときおり発生している。ことに頭部に命中すると致命傷になることが多い。(Peter Turnley)

ト社の7.62mm口径CM901ライフル（AR-10派生型）の2連射を浴びて最期を遂げたといわれる。

決まらないM16の後継機種

M16ライフルとM4カービンに対する主なクレームは2つある。砂塵に脆弱なことと、高い発射速度で射撃を続けると作動不良が増えることだ。

1990年以降アメリカが関わった戦争は、ほとんどすべて高温で乾燥した砂漠地帯が戦場になっている。しかも砂漠の中には雨季や厳しい寒さをともなう地域もある。このような厳しい戦闘環境は今後も続くであろうし、また内乱では接近戦がほとんどで連射を持続することが求められる。

したがって、使用される小火器は、過酷な環境下でも制圧射撃が維持できなければならない。複合合成素材を多用した超軽量ライフル構想は非現実的といわざるを得ない。

ほかにも貫通力不足、一貫性のない対人殺傷効果、短い射程と精度不足などのクレームもある。多くは5.56mm弾のせいにされるが、Ｍ４カービンの短い銃身も欠点の原因となっている。このようなクレームに対する陸軍の反応は「将兵はおおむねＭ４カービンに満足しているが、改善を望んでいる」というものだ。

M16ライフルの代替機種は、複数の候補が提案・検討されてきた。ベトナム戦争当時、海兵隊がストーナー63システムを試用したが、採用しなかった。1960～70年代にかけ、陸軍は.17口径（4.32mm）のフレシェット弾を使用する特殊用途個人武器（ＳＰＩW）の試験を行なった。計画が頓挫した原因は、フレシェット弾の貫通性能不足および徹甲弾と曳光弾の製造に不向きなことだった。同時期には、ケースレス弾薬（薬莢を使わないタイプ）のテストも行なわれた。

未来型戦闘ライフル（ＡＣＲ）計画は1986年から始まった。前述したＡＡＩ社のフレシェット・ライフル、ケースレス弾薬を使用するＨ＆Ｋ社のＧ11ライフル、シュタイヤー社のフレシェット・ライフル、ユージン・ストーナー率いるＡｒes社の先進個人武器システム、そしてコルト社のM16Ａ2Ｅ2が検討対象とされた。しかし、これらの斬新なデザインには多くの問題があり、解決に膨大な時間がかかること、そして現用火器を凌駕する性能が得られないという事実が明らかになり、いずれの計画も中断され

米軍で評価試験中のＸＭ8アサルト・ライフル（US Army）

た。

1990年代末に個人戦闘兵器（ＯＩＣＷ）プログラムがスタートし、Ｈ＆Ｋ社が開発した２機種が代替候補として試作された。ひとつはＸＭ29で、これは5.56mmアサルト・ライフルに一体成形の「スマート」20mm半自動榴弾発射器を組み合わせたものだった。だが、複雑な構造と重量、そして予算超過が災いし、2004年に開発中止となった。

次いで5.56mm口径のＸＭ８アサルト・ライフルが開発・試験された。部品を交換することでライフル、カービン、コンパクト・カービン、オートマチック・ライフルに変身させられるのがセールスポイントだったが、採用目前の2005年にキャンセルされた。砂漠環境での耐久性は評価されたものの、M16ライフルやＭ４カ

HK416アサルト・ライフル（Dybdal）

ービン、M249分隊支援火器ＳAWと比べて、それほどの性能向上が見られないのがキャンセルの理由だった。

最近とくに有望視されているのが、2005年にＨ＆Ｋ社が発表した5.56mm口径のＨＫ416カービンだ（416はＭ４／M16に由来する）。ＨＫ416カービンは、M4A1カービンの下部レシーバーに新しい上部レシーバーおよび銃身ユニットを組み入れるものだ。バッファーも新型のものに交換することが必要になる。M4A1カービンのダイレクト・インピンジメント方式を、ショートストローク・ピストンとオペレーティング・ロッド方式に変更したものだ。

このＨＫ416カービンは、デルタ・フォースや海軍特殊戦部隊シールズをはじめとする特殊部隊に採用された。下部レシーバーは従来支給カービンのものをそのまま継続使用し、大幅に改良された上部レシーバー・銃身ユニットの交換だけで９割方のアップグレードを実現できる。この改造キット方式は、今後のトレンドになるかもしれない。

2008年に始められた軽量小火器テクノロジー（ＬＡＳＴ）プロ

グラムは、アサルト・ライフルと弾薬の軽量化を目指す理論ベースの試みだ。新たなテクノロジーと素材、普通弾薬およびケースレス弾薬を研究するためのもので、今のところいかなるプロトタイプも存在しない。

2011年１月、陸軍は銃器メーカーに対しＭ４カービンの代替候補を提出するよう求めた（メーカーは３年前からこの日が来るのを通告されていた）。提案要請文書に口径の指定はなかった。ＮＡＴＯの弾薬およびマガジン標準化の結果、5.56mmＮＡＴＯ弾を用いるプランが最も有利だが、ほかにも6.8mmＳＰＣ、6.5mm Grendel、7.62×51mmＮＡＴＯ、そして7.62×39mm（ＡＫシリーズの口径）などの選択肢が存在する。

たとえばレミントン社の提案する適応型戦闘ライフル（ＡＣＲ）などは、ボルトヘッドと銃身、マガジンを迅速交換することで、口径を5.56mmから6.8mmに変換可能だ。Ｍ４カービンの代替として新型ライフルが採用されるとしても、限定配備が始まる前に、数年にわたる開発と評価試験が必要となるため、陸軍は現存するＭ４カービン50万挺の改良プログラムに取りかかっている。おそらく上部レシーバー・銃身ユニットによるアップグレード方式になるだろう。

どの提案が後継機種に選ばれるかにかかわらず、M16A2ライフル、M16A3ライフル、Ｍ４カービンは、今後も長いあいだ支援部隊で使われ続けるだろう。外国の軍隊で継続使用されるのは言うまでもない。M16ライフルがアメリカ軍制式小銃となってすでに50年。あと20年は現役として使用されることも考えられる。

用語解説

ボール（普通弾） 被覆鋼弾、フルメタルジャケット弾。
ボルト・キャリアー　装填・撃発・排莢を行なうボルト（遊底）とガス・キーからなる部品。ガス・キーはボルト・キャリアーとガス・チューブをつなぐ。
バッファー　M16／Ｍ４の銃尾に収められたチューブ状の部品。反動を軽減する。正式には「リコイル・スプリング・ガイド」。
カートリッジ・ディフレクター　M16／Ｍ４の薬莢排出孔後端にある突起。排出された薬莢が左利き射手の顔面に当たらないよう方向をそらせる。
クローズド・ボルト　ボルトを閉鎖した状態で初弾を発射する方式。発射ごとに、ボルトは閉鎖状態にもどる。
クック・オフ　過熱した薬室に装填した場合、熱で自然発射すること。フルオート・モードでは弾を撃ち尽くすまで止まらなくなる。銃の「暴走」状態。
フラッシュ・サプレッサー（消炎器） 銃口に取り付ける部品で、発射時の閃光を軽減させる。
フラット・トップ・レシーバー　着脱式キャリング・ハンドル付きのM16／Ｍ４の上部レシーバー。ハンドルを外すと光学照準器を取り付けられる。
フォワード・アシスト・ディバイス　M16／Ｍ４の上部レシーバー右側面にある部品で、これを押すことでボルト閉鎖を確実にする。ほとんどのM16シリーズに付いている。
ガス・チューブ　燃焼ガスを取り入れる細いチューブ。ガスでボルト・キャリアーが後退し、銃が作動する。
Ｍｋ／Mod　米海軍が武器に使う記号。米陸軍ではＭ（モデル）。
オープン・ボルト　発射前にボルトが開放状態になる方式。引き金を引くとボルトが前進し、弾薬を装填・撃発する。射撃を止めるとボルトは後退した位置で止まる。こうして薬室の冷却を促進し、クック・オフ（前述）を防止する。
ピカティニー・レール　「軍標準1913タクティカル・レール」または「ＮＡＴＯ標準2324レール」。スコープ、暗視装置、フラッシュライト、ハンドグリップなど、追加装備品の取り付け金具。
レシーバー（機関部） 銃の作動メカニズムを収めた本体部分。M16／Ｍ４ではボルト・キャリアーとリコイル・バッファーを収納し、銃身が取り付けられた上部レシーバーと、撃発メカニズム、引き金、マガジン収納部、銃尾が一体となった下部レシーバーからなる。
SPORTS　M16／Ｍ４の作動不良に対処する緊急手順略語。Slap（軽く叩く)、Pull（引く）、Observe（見る）、Release（放す）、Tap（叩く）、

Squeeze（引き金に圧を加える）。

ストリッパー・クリップ　マガジンに弾薬を装塡するためのクリップ。1本で10発込められる。

ヨーイング　弾丸が左右に振れながら飛翔すること。タンブリングは弾丸が宙返りしながら飛ぶこと。

ストック（銃床：じゅうしょう）　レシーバー（機関部）を載せた部分。

バットストック（床尾：しょうび）　銃床の後端部の肩に当てる部分。

参考文献

Bartocci, Christopher R. *Black Rifle II: The M16 into the 21st Century.* Cobourg, Canada: Collector Grade Publications, 2004

Ezell, Edward C. *The Great Rifle Controversy: Search for the Ultimate Infantry Weapon from World War II Through Vietnam and Beyond.* Harrisburg, PA: Stackpole Books, 1984

Green, Michael and Stewart, Greg. *Weapons of the Marines.* St. Paul, MN: Motorbooks International, 2004

Huon, Jean. The *M16.* Havertown, PA: Casemate, 2004

Poyer, Joe. *The M16/AR15 Rifle*: A Shooter's and Collector's Guide.

Tustin, CA: North Cape Publications, 2003

Stevens, R. Blake, Blake, R., and Ezell, Edward C. *The Black Rifle: M16 Retrospective.* Toronto, Canada: Collector Grade Publications, 1987

DA Pam 750-30 The *M16A1 Rifle Operation and Preventive Maintenance.* July 1969 (also June 1968).

FM 3-22.9 *Rifle Marksmanship: M16A1, M16A2/3, M16A4 and M4 Carbine.* April 2003. (Field Manual)

FM 23-9 *M16A1 Rifle and Rifle Marksmanship.* June 1974

FM 23-9 *Rifle, 5.56mm, M16A1.* March 1970

FM 23-9 Rifle, 5.56mm, XM16E1. July 1966

FMFM 0-9 *Field Firing for the M16A2 Rifle.* June 1995. (Fleet Marine Force Manual)

TM 9-1005-319-10 *Operator's Manual for Rifle, 5.56mm, M16A2, M16A3, and M16A4, and Carbine, 5.56mm, M4 and M4A1.* June 2010. (Technical Manual)

監訳者のことば

本書『M16ライフル』（原題：THE M16 Osprey Weapon Series）の監訳を依頼されたとき少々躊躇したが、訳者の加藤喬氏の強い勧めもあり、僭越（せんえつ）ながら原稿に一部手を加えさせていただくことにした。

監訳を引き受けた最大の理由は、本書が数多く出版されているAR-15（M16）ライフルの解説書とは大きく趣（おもむき）を異にしていることだった。

本書は、ひと言で述べれば、アメリカの陸軍、海軍、空軍および海兵隊が制式小銃として選定・採用したAR-15（M16）ライフルの誕生から現在に至るまでの発展の過程をたどった年譜と言えよう。

とくに私が興味をひかれたのが著者の経歴だった。ゴードン・ロットマン氏は、アメリカ陸軍特殊部隊「グリーンベレー」の兵器担当要員としてベトナムに派遣されて従軍し、自身が褒貶（ほうへん）相半ばするAR-15（M16）ライフルの現実を現場で経験している。この点で本書は独自の視点から解説していると言えるだろう。

ベトナム戦争中、AR-15（M16）ライフルは、その性能について高く評価される一方で、多くの批判にさらされた。本書にはベトナムの戦場で使用者である兵士の目から見たAR-15（M16）ライフルに対する証言が数多く紹介されている。ここには外部の人々にはわからない真実のAR-15（M16）ライフルの姿がある。私自身も読んでいてなるほどと思う記述が随所にあり、興味はつきなかった。

ベトナム戦争中に採用されたAR-15（M16）ライフルは、その後、数多くの改良が加えられて改良型のM４カービンに発展し、現在もアメリカ軍の第一線部隊の主要装備品として使用され続けている。

その間のAR-15（M16）ライフルの改良に関して、本書は時系列に詳述している。私が本書をAR-15（M16）ライフルの年譜とする理由がここにある。AR-15（M16）ライフルに興味を持つ人々や研究者にとって本書は便利な資料として活用できる。

私はかつてアメリカのワシントンDCにあるスミソニアン博物館で研究をしていた時期にAR-15（M16）ライフルの開発者のユージン・ストーナー氏と面談する機会があった。その時の話で今も鮮明に記憶していることがある。

AR-15（M16）ライフルの改良で彼が承服できないことのひとつに陸軍の手によってボルト・フォワード・アシストが追加されたことだった。ストーナー氏の説明によると、弾薬が正常にバレルの薬室に送り込まれない場合、弾薬が送り込まれない何らかの原因がある。それを究明せずに、外圧を加えて弾薬を無理矢理にバレルの薬室に送り込むことは、決して奨励される行為ではなく、さらに重大な故障や事故を招くことになるというものだった。AR-15（M16）ライフルの開発者自身の証言だけに強い説得力がある。

本書は開発者側ではなく実際にこのライフルに命を預けた元兵士によって書かれており、立場を異にした使用者側から見たAR-15（M16）ライフルに関する多くの示唆を含んでいる。

デュッセルドルフにて
床井雅美

訳者あとがき

M16ライフルとの出会いは1970年代にさかのぼる。モデルガンに熱中していたころだ。東京上野のアメ横のモデルガン・ショップで「ブラック・ライフル」のトイガンをはじめて目にした。木製銃床のＭ１ライフルやＭ１カービンなど、古典的なスタイルの軍用銃とはまったく異なる印象の未来的なデザインに魅了された。

1984年に米陸軍で基礎訓練を受けた際、M16A1ライフルで射撃の基礎を叩き込まれた。大半の士官候補生は射撃後の手入れを面倒くさがっていたが、実銃を任せられ悦(えつ)に入っていた私は、ひとり嬉々としてクリーニングに集中した。

本書でも紹介しているように、歯ブラシとパイプクリーナー、綿棒を使って隅々の汚れを落としていった。きれいにすればするほど手に馴染み、官給品が自分のライフルになっていく気がした。文字通り寝食をともにするトレーニングを通じ、M16ライフルとの絆が紡(つむ)がれていったのだ。

訓練後、当時コルト社が発売していたM16の民間向けバージョンＡＲ-15Ａ2を入手して射撃練習を続けた。1991年、武器科中尉として湾岸戦争で手にしたのもやはり使い慣れたM16ライフルだった。こうしてみると、M16ライフルとの付き合いはかれこれ40年近い。本書を翻訳するまで内心、ブラック・ライフルについては、その裏も表も知っていると自負していた。

だが、その道のプロにはかなわない。優れた制式小銃として私が使っていたM16ライフルには、実はたびたび物議を醸(かも)した過去があった。

著者ゴードン・ロットマン氏は、陸軍特殊部隊「グリーンベレー」の兵器担当要員としてベトナム戦争に従軍。ジャングルの実戦で連日M16を携行し、作動不良も体験している。まさに命懸けでこの銃の長所と短所を学んだ銃器プロフェッショナルの言葉には美化も悪評の誇張もない。本書を貫くのは、M16ライフルの本質を見抜く洞察だ。説得力が抜きんでているのはこのためだろう。

M16ライフル採用までの経緯や新弾薬開発にまつわるエピソードでは、政府や軍に巣くう縄張り主義を淡々と描いている。それが巧まずして、M16の故障で無念の戦死を遂げたベトナム参戦兵らへのレクイエムになっている。本書は、軍人・軍属として半世紀近くを過ごした著者が読者に静かに語りかける鎮魂の辞でもある。

本書『M16ライフル』を通じて、読者は「戦死した米兵の脇にしばしば分解されたM16が発見された」理由を知ることになる。M16に不断のクリーニングが必要な訳も納得できるはずだ。射程や命中精度、貫通力で一世代前のバトル・ライフルに劣るM16ライフルが、なぜベトナム戦争と米国文化を象徴する「アイコン」となり、現在にいたっているのかも理解できるだろう。

本書は単なる兵器史研究書やメカニズム解説書とは明らかに一線を画している。M16ライフルのヒューマンな側面に触れる一助となれば、訳者にとって望外の喜びである。

最後に、監訳を引き受けてくださった小火器の世界的権威、床井雅美氏にお礼を申し上げる。日本語版の内容がより正確で充実したものになったのは、床井氏の学術的インプットによるところが大きい。

アリゾナ州ハーフォードにて
加藤　喬

THE M16 Osprey Weapon Series 14
Author Gordon L. Rottman
Illustrator Johnny Shumate, Alan Gilliland

This translation published by Namiki Shobo by arrangement with Osprey Publishing, an imprint of Bloomsbury Publishing PLC, through Japan UNI Agency Inc., Tokyo.

ゴードン・ロットマン（Gordon L. Rottman）
1967年に米陸軍入隊後、特殊部隊「グリーンベレー」を志願し、各国の重・軽火器に精通する兵器担当となる。1969年から70年まで第５特殊部隊群の一員としてベトナム戦争に従軍。その後も空挺歩兵、長距離偵察パトロール、情報関連任務などにつき、退役時の軍歴は26年に及ぶ。統合即応訓練センターでは、特殊作戦部隊向けシナリオ製作を12年間担当。著書にオスプレイ・ウエポンシリーズの『M16』『AK-47』『ブローニング.50口径重機関銃』など多数。
床井雅美（とこい・まさみ）
東京生まれ。デュッセルドルフ（ドイツ）と東京に事務所を持ち、軍用兵器の取材を長年つづける。とくに陸戦兵器の研究には定評があり、世界的権威として知られる。主な著書に『世界の小火器』（ゴマ書房）、ピクトリアルIDシリーズ『最新ピストル図鑑』『ベレッタ・ストーリー』『最新マシンガン図鑑』（徳間文庫)、『メカブックス・現代ピストル』『メカブックス・ピストル弾薬事典』『最新軍用銃事典』（並木書房）など多数。
加藤　喬（かとう・たかし）
元米陸軍大尉。都立新宿高校卒業後、1979年に渡米。アラスカ州立大学フェアバンクス校ほかで学ぶ。88年空挺学校を卒業。91年湾岸戦争「砂漠の嵐」作戦に参加。米国防総省外国語学校日本語学部准教授（2014年7月退官）。著訳書に『ＬＴ』（TBSブリタニカ)、『名誉除隊』『アメリカンポリス400の真実！』『ガントリビア99』『ＡK-47（近刊）』（並木書房）がある。

M16ライフル
—米軍制式小銃のすべて—

2017年10月１日　印刷
2017年10月15日　発行

著　者　ゴードン・ロットマン
監訳者　床井雅美
訳　者　加藤　喬
発行者　奈須田若仁
発行所　並木書房
〒104-0061東京都中央区銀座1-4-6
電話(03)3561-7062　fax(03)3561-7097
http://www.namiki-shobo.co.jp
印刷製本　モリモト印刷
ISBN978-4-89063-366-1